石油勘探开发信息化

——从数据处理到数字油藏

王宏琳 著

石油工业出版社

内 容 提 要

该书对石油勘探开发计算机应用中的 14 个最重要的领域进行了阐述，包括数据处理、交互解释、三维油藏建模、地质统计、油藏表征、软计算、油井规划、油藏模拟、油藏管理、决策支持、数据银行、电子商务、勘探开发信息系统建设、数字油藏等方面内容。

该书属石油勘探开发信息化技术的普及读物，作者用通俗的语言向读者介绍了在 21 世纪计算机可以为石油工业做些什么，并附有计算机常见术语和概念介绍。本书可供石油行业中级专业水平的读者参考。

图书在版编目（CIP）数据

石油勘探开发信息化：从数据处理到数字油藏/
王宏琳著. —北京：石油工业出版社，2001.2
ISBN 7-5021-3211-2

Ⅰ. 石…
Ⅱ. 王…
Ⅲ. ①信息技术-应用-油气勘探
　②信息技术-应用-油田开发
Ⅳ. ①P618.130.8　②TE319

中国版本图书馆 CIP 数据核字（2000）第 78627 号

石油工业出版社出版
（100011　北京安定门外安华里二区一号楼）
石油工业出版社印刷厂排版印刷
新华书店北京发行所发行

*

787×1092 毫米　32 开本　5.5 印张　146 千字　印 1—1500
2001 年 2 月北京第 1 版　2001 年 2 月北京第 1 次印刷
ISBN 7-5021-3211-2/TE·2435
定价：12.00 元

前　言

在从 20 世纪进入 21 世纪之际，我们可以看到物理和地球物理科学的继续发展、生物和生命科学的蓬勃发展、传播信息和知识的技术急剧发展。国民经济和社会正在加速信息化。

在 1820～1992 年间，世界人口增加翻了 5 番，而经济生产力增加翻了 8 番。但是，这些与近几十年信息技术的迅猛发展不能相比。在 50 年代，IBM 的市场部调查认为全世界只需要 6 台计算机，那时，计算机只用于弹道计算，可是，现在计算机已经用于各行各业。在 70 年代，著名计算机公司 DEC 的总裁 Ken Olson 说过："不能够想象为什么每个人在他们家里都需要一台计算机"。那时计算机大如冰箱，而且维护困难。可是，现在家用计算机非常普遍了。在 80 年代，微软公司的 Bill Gates 说过："没有人需要大于 640k 内存的计算机"。那时计算机不使用图形，没有彩色，没有连接网络。可是现在计算机内存多是 256M 或 512M 以上。摩尔定律在 10～15 年内还会适用：计算机芯片的性能价格比每 18 个月翻一番，即 5 年 10 倍，10 年 100 倍，15 年 1000 倍。广域网带宽一年增加 4 倍，三年 64 倍。存储能力两年 7 倍，图形能力三年 100 倍。

20 世纪后半叶，石油勘探开发计算机应用技术实现过两次飞跃（图 1）。第一次在 20 世纪 60 年代末期至 70 年代，以地震数据处理和油藏模拟为代表,利用大型计算机实现勘探开发复杂的数值计算。第二次在 20 世纪 80 年代中期至 90 年代初期,以地震解释和油藏描述为代表,利用图形工作站实现勘探开发信息交互分析和交互解释。

毫无疑问,计算机曾经为石油勘探开发的技术变革做出过重要的贡献。但是,对于计算机能够做什么,不能做

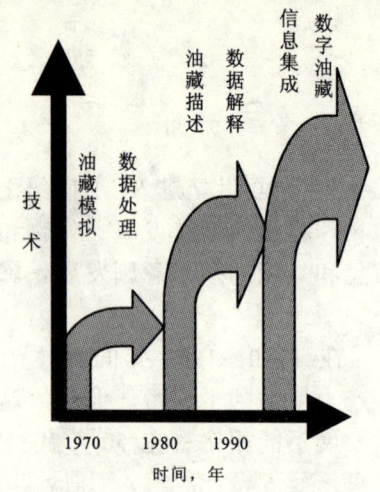

图 1　油气勘探开发计算机应用技术的飞跃

什么,始终是需要探讨的问题。这本小书有一个大的主题,这就是:在 21 世纪,计算机可以为石油工业做些什么?由于计算机的进一步应用,勘探开发技术还可能发生什么样的飞跃?有人说是"信息集成"勘探或数字油藏。

石油勘探开发信息化涉及的计算机应用领域非常广泛,在这样一本小书中不可能面面俱到。大家知道,无论计算机做任何事情,主要取决于应用软件,因此,我们把重点放在支持石油勘探开发信息化的软件技术发展趋向上,介绍国内外发展中的应用软件新技术。我们选择石油勘探开发计算机应用中的 14 个最重要的领域分别进行讨论,这包括数据处理和解释;油藏建模、描述和软计算;油井规划、油藏模拟

和油藏管理；决策支持和临场感可视化环境；数据银行和电子商务，以及勘探开发信息系统建设和数字油藏等方面内容。对每个应用领域，一般围绕 3~5 个主要发展方向展开讨论，并且介绍有关软件产品，包括国内的以及国外的 CGG，GeoQuest，Landmark 和 Paradigm 等公司的应用软件。

　　石油勘探开发信息化涉及许多专业领域和高新技术，写作这样的通俗读物，有其特殊的困难。首先，据说公式最容易吓跑读者，由此不得不删除了所有数学公式，尽量采用图示。其次，计算机技术日新月异，新名词、新概念层出不穷。作者在 20 世纪 80 年代末曾经与几位同事一起翻译出版过《韦伯斯特新世界计算机术语词典》，而 1991 年在美国发现《新韦伯斯特计算机术语词典》（Sippl,1990），增加了许多新术语。但是，现在看起来，这个新词典也已经过时，目前流行的 Internet，WWW 等术语在这个"新术语词典"中都找不到。因此，附录 A 给出了有关计算机技术的若干术语概念介绍，按照英文字母顺序排列，并在第一次引用该术语的地方用方括号注明相应英文词语。另外，篇幅简短，难以深入介绍问题。幸好 Internet 上包含有大量的石油工业计算机应用技术信息资源，所以在附录 B 给出了相关的高等学校、学术机构、石油技术服务公司和计算机技术公司，以及电子商务服务的网址列表，供读者进一步检索参考。

作　者

2000 年 11 月 18 日

目 录

1 **数据处理** ……………………………………… （1）
1.1 集成地质和地球物理技术 ……………………… （3）
1.2 增强交互处理能力 ……………………………… （6）
1.3 开发并行计算机处理技术 ……………………… （7）
1.4 在线处理分析 …………………………………… （12）
2 **交互解释** ……………………………………… （14）
2.1 数据结构 ………………………………………… （14）
2.2 三维构造解释 …………………………………… （15）
2.3 属性计算和应用 ………………………………… （17）
2.4 交互测井解释 …………………………………… （19）
2.5 三维可视化解释 ………………………………… （20）
3 **三维油藏建模** ………………………………… （23）
3.1 带断层的层位 …………………………………… （23）
3.2 断层和层位的网络连接 ………………………… （24）
3.3 地质约束 ………………………………………… （25）
4 **地质统计油藏表征** …………………………… （27）
4.1 建立精确的网格 ………………………………… （28）
4.2 数据综合 ………………………………………… （28）
4.3 定量表示不确定性 ……………………………… （30）
4.4 约束和迭代 ……………………………………… （30）
5 **软计算** ………………………………………… （33）
5.1 神经网络计算（NN） …………………………… （33）

5.2 模糊逻辑 …………………………………………(36)
5.3 遗传计算 …………………………………………(37)
6　油井规划 …………………………………………(40)
6.1 地质和地球物理一体化软件的应用 ……………(41)
6.2 一体化钻井软件 …………………………………(41)
6.3 共享数据 …………………………………………(42)
6.4 共享地球模型 ……………………………………(43)
7　油藏模拟 …………………………………………(45)
7.1 数学模型 …………………………………………(47)
7.2 油藏模拟软件研究 ………………………………(48)
7.3 并行油藏模拟框架 ………………………………(48)
8　油藏管理 …………………………………………(50)
8.1 高精度油藏成像 …………………………………(50)
8.2 油藏特征描述 ……………………………………(51)
8.3 油田开发方案 ……………………………………(53)
8.4 油藏动态监测和控制 ……………………………(54)
9　决策支持 …………………………………………(57)
9.1 把计算机和信息技术应用到业务全过程 ………(58)
9.2 实现数据共享 ……………………………………(59)
9.3 建立企业综合管理系统 …………………………(62)
9.4 建立具有临场感的可视化决策环境 ……………(62)
9.5 定量评估和综合指数 ……………………………(63)
10　临场感可视化环境 ………………………………(65)
10.1 地震解释 …………………………………………(67)
10.2 钻井设计 …………………………………………(69)
10.3 工程评估 …………………………………………(69)
10.4 海洋平台设计 ……………………………………(70)

11	**数据银行**	(72)
11.1	数据模型和数据加载	(74)
11.2	应用系统接口	(75)
11.3	介质管理	(76)
12	**电子商务**	(80)
12.1	电子购销	(82)
12.2	应用服务提供者	(85)
12.3	Internet 工业产权市场	(89)
12.4	电子商务与 XML	(90)
12.5	改进核心业务	(91)
12.6	在线业务	(92)
12.7	企业上网	(94)
12.8	远程应用服务	(96)
13	**勘探开发信息系统建设**	(100)
13.1	业务流程分析	(101)
13.2	勘探开发数据标准的制定	(101)
13.3	数据集成与管理方案	(104)
13.4	数据中心的建设	(106)
13.5	用平台建设	(109)
13.6	运行维护	(111)
14	**数字油藏**	(112)
14.1	数据管理问题	(114)
14.2	虚拟现实可视化问题	(116)
14.3	信息集成问题	(118)
附录 A	计算机技术若干术语与概念	(120)
附录 B	INTERNET 资源一览表	(139)
附录 C	XML 和 Java	(156)

后记 …………………………………………… (163)
参考文献 ……………………………………… (165)

1 数据处理

在 20 世纪，油气勘探技术进步的最重要标志之一是发明了地震勘探技术。地震勘探是利用人工激发的波场，传播到地下，观测接收来自地下波阻抗界面的反射波、高速层的折射波，通过计算机处理分析，确定地质构造和地层岩石性质。地震勘探技术，特别是三维地震勘探技术的发展，与计算机[computer]应用密不可分。可以说，如果没有计算机，就没有办法处理这样庞大的地震数据，就没有今天的地震勘探工业，也就没有今天这样的石油工业技术发展局面。在石油工业计算机应用中，地震数据处理是用得最早、效益最好、技术发展最快的领域。在讨论油气勘探开发计算机应用时，无疑首先应该介绍地震数据处理。

石油地震勘探的计算机应用，可以追溯到 20 世纪 50 年代。那时野外采集的地震数据都是模拟磁带记录，需要用模拟—数字转换器，将模拟[analog]信号转化为数字[digital]信号。1956 年，美国的一些物探公司开始试验把模拟磁带记录，经过模数转换进行计算机滤波、叠加和绘制剖面。一直到 20 世纪 60 年代中期，才开始出现野外数字记录。1968 年，美国出现了比较成熟的地震数据处理软件[software]。随后在 20 世纪 60 年代末、70 年代初，德国、法国和中国也相继开发了自己的地震数据处理软件。

地震数据处理是把地面采集的大量的数据转换为地下的精确的图象的过程。有人把地震数据处理技术分成四类：提

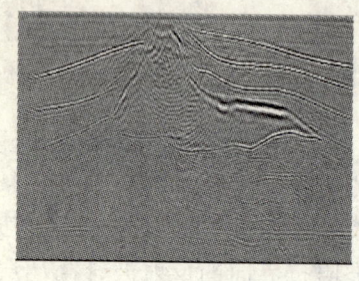

图 1-1 地震剖面显示
（斯坦福大学 SEP）

高信噪比的技术、改善横向分辨率的技术、改善垂直分辨率的技术，以及提取解释信息的技术。这些技术都是为了获得高精度的地下图象。图 1-1 和图 1-2 是地震剖面和切片显示[display]的例子，是勘探地球物理学家协会提出的构造模型，由斯坦福大学 SEP 小组处理的成像结果。

多年来地震数据处理计算机的能力不断地提高。Echo 物探公司的总裁 Terry Elzi 说过，"实际技术进步在硬件[hardware]，以前一个星期的处理工作，现在只需要一天，或更少。这不仅是因为 CPU 速度快了 100 倍，而且提高了输入输出速度（I/O），并能够存放更多数据。"同时，他还指出，"我们今天用的处理流程，几乎与十年前一样。只有几个新方法，如深度成像和叠前深度偏移，而其它处理方法

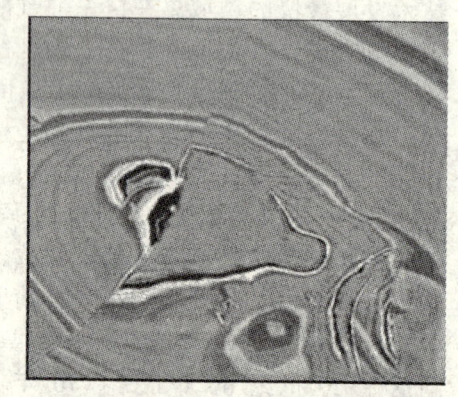

图 1-2 地震切片显示
（斯坦福大学 SEP）

则改变不大"(Duey,1999)。当然,他这样说不全面,因为,处理方法也在不断改进中,三维地震处理软件包日趋完善。目前几乎所有的软件包都包括了三维 DMO(倾角时差校正)、三参量速度分析、地表一致反褶积、地表一致相位校正、三维静校正和三维一步法偏移等。

此外,测井和岩石物理分析,是另外一个计算机应用比较早的领域。从测井数据的初步处理分析,到岩石性质的全面细致研究,都可以利用现代计算技术。基本的数据处理模块包括:各种格式测井数据加载,直接存取数据库,滤波,数据间隙外推,温度梯度分析,多井、多区带交会图和直方图绘制。

现代勘探数据处理中的计算机应用技术,主要发展趋向有四个方面。

1.1 集成地质和地球物理技术

近年,三维叠前深度偏移等解释性处理软件有了很大的发展,并且开始结合地质解释和地球物理解释工具到三维数据的综合深化分析。

新的交互解释工具和反演技术有助于提高三维地震数据处理的精度(图1-3)。运用合成地震记录、速度模型、射线追踪正演模型和深度解释的综

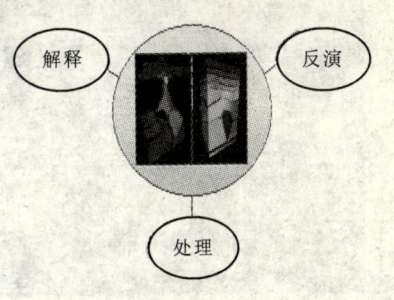

图 1-3 处理、解释、反演
交互解释技术和反演技术有助于提高三维地震数据处理的精度

合解释方法,可以大大改进最终的数据处理结果。典型的成功事例是 Diamond 地球物理公司在盐下勘探的工作。该公司在盐下勘探中利用集成的方法,包括三维叠前深度偏移、盐下振幅分析、三维盐下照明研究等技术,发现了著名的 Mahogany、Hickory 等一批盐下油藏(图 1-4,图 1-5)。

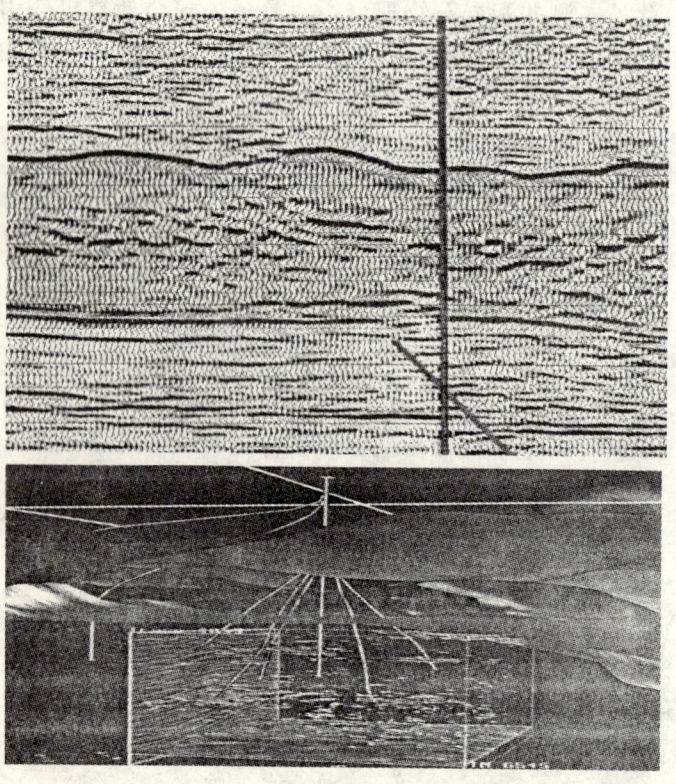

图 1-4 Mahogary 深度偏移成像(上)和盐下振幅显示(下)

Diamond 地球物理公司

由于计算机应用技术的进步,可望对三维数据进行综合深化分析,包括综合利用地震反演、成像和模型等一整套技术。这对提高油气勘探效益有非常大的作用。AMOCO 公司曾经根据其在全球范围勘探的经验得出这样的看法:根据常规二维地震资料解释结果打探井,成功率为 14%;根据常规三

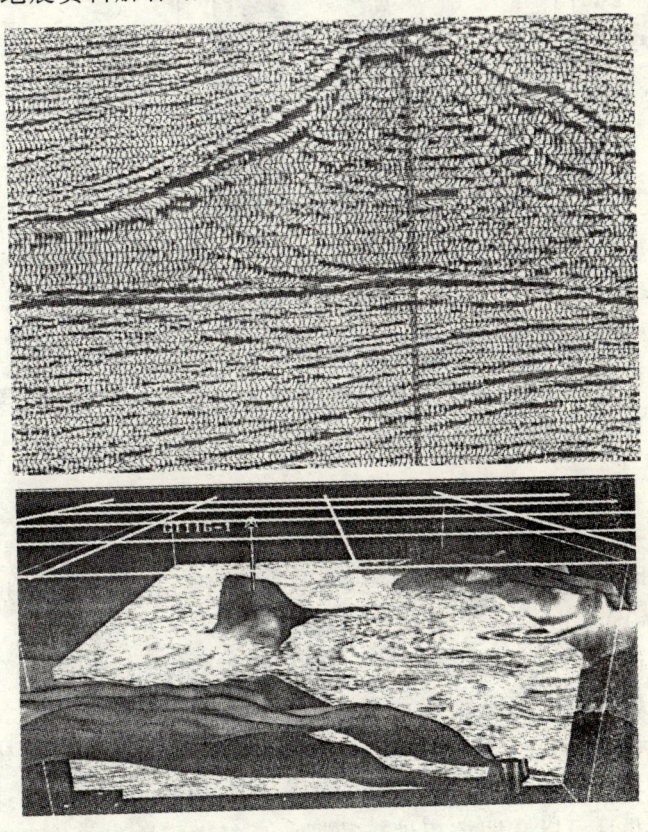

图 1-5 Hickory 深度偏移成像(上)、速度模型(下)

Diamond 地球物理公司

维地震资料解释结果打探井，成功率为 49%，而根据三维数据综合深化分析结果布井，成功率可达 75%（图 1-6）。

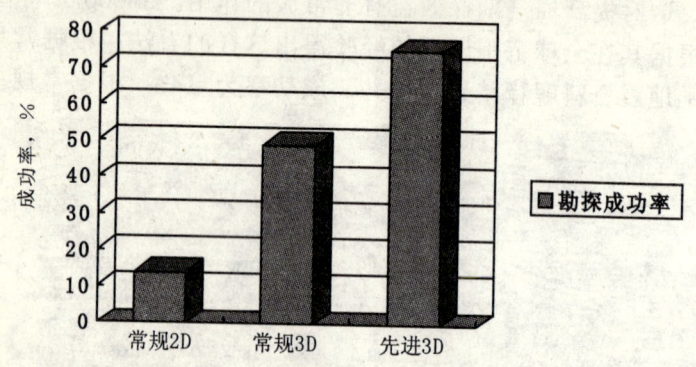

图 1-6　先进的三维数据综合分析提高勘探成功率

油气勘探和开发界正在解决长期存在的资料格式不一致问题。地学科学家能够在同一个平台实时提取、分析、处理和解释所有数据的时代，已经为期不远了。

1.2　增强交互处理能力

地震数据处理的一些环节，早已经引入交互技术[interactive]。如交互定义观测系统、交互 $f\text{-}k$ 滤波、交互静校正和交互速度分析等。现代地震数据处理系统提供交互处理环境、交互编码和交互参数分析工具，并结合三维可视化[visualization]到地震属性分析和反演过程。三维可视化与并行计算机的突破，使物探人员可以修改三维速度场，并且可以立即校正地震数据。反复进行校正，将得到与地震数据分析相互吻合的速度模型，这样的模型可以转化为深度模型。应用交互技术，可以实时进行测井数据处理和岩石物理分析工作。

近年来发展最快速的是交互处理和解释性处理。交互处理是指在工作站上，对数据子集人机联作处理分析，在实现实时的质量控制的基础上，进行全数据集批量处理。而解释性处理则是指在集成化的环境下，利用迭代模型，指导交互处理。

1.3 开发并行计算机处理技术

在地震数据处理中，越来越广泛使用并行处理机系统[parallel processing]。今天，三维叠前深度偏移和其它"计算或数据密集型"的处理，通常运行在大规模并行计算机上。这使得能够使用更精确成像技术来解决勘探问题。早期地震数据处理采用串行计算机[sequential computer]加阵列处理机[array processor]，而20世纪80年代地震数据处理中心在局域网[local area network]使用的 CRAY、CONVEX 向量计算机 IBM 大型计算机（图 1-7），也已经被并行计算机取代（图 1-8）并可以被连接到广域网[wide area network]。

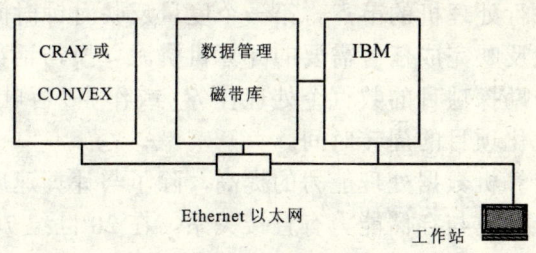

图 1-7　20 世纪 80 年代地震数据处理中心

在局部网络中连接的向量计算机和大型计算机

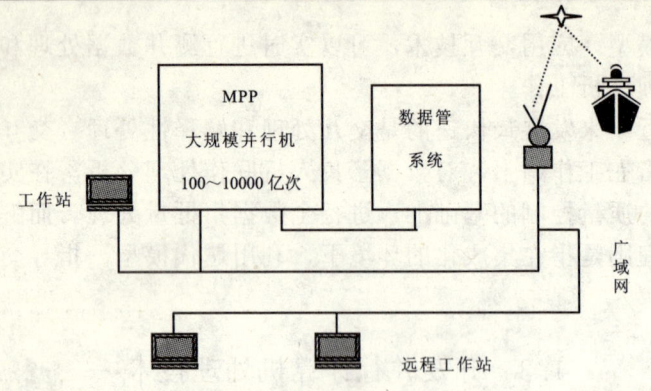

图 1-8 现代地震超级计算机

在广域网中连接的大规模并行计算机

地震数据处理最重要的事情是按时得到高质量的地震剖面。质量问题取决于算法的精度和处理地震数据的流程。"按时"则与计算机的吞吐力和周转时间有关。这里,"吞吐力"定义为在固定的时间期间内完成的工作量;"周转时间"则定义为一个任务需要的总时间。

地震数据处理吞吐力的两个重要度量是:每小时处理的地震道;每个节点每小时处理的地震道,这里的节点是指大规模并行处理机的节点。第一个度量反映时钟时间,而第二个度量反映完成任务需要的计算机资源。换句话说,通过使对一个勘探项目的数百个处理任务(或作业)吞吐力最大化,达到优化项目的周转时间。

计算机数据处理能力的提高,除了与计算速度有直接关系以外,也与存储能力有直接关系。在 20 世纪 70 年代,流行的计算机存储单位术语是千字节[k],80 年代是兆[M],90 年代是十亿[G],而未来是万亿[T],以及千万亿[P]。

在许多情况下,可以把原来的地震数据集或经过变换后的数据集进行分割,在不同处理机节点并行处理(图 1-9)。例如,美国 Sandia 国家实验室,与工业界合作开展的 $f\text{-}x$ 地震成像并行处理技术研究中,利用了两种并行性:频率并行性和空间并行性。

频率并行性的优点是每个频率的计算与其它频率无关,直到最终图象形成。频率并行性有非常高

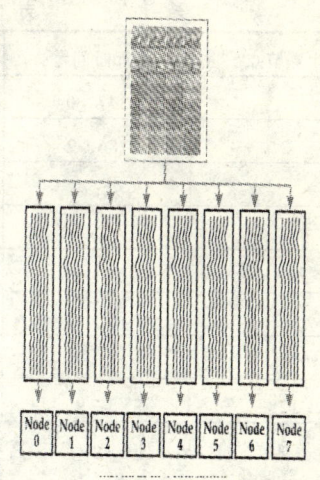

图 1-9 把地震数据分割送到不同处理机节点并行处理示意图

的并行效率,因为通信很少。但是,频率并行性受有限的频率数目限制,如果只考虑 300 个频率,则只利用 300 个处理机求解。空间并行性则可以突破这个限制,利用更多的处理机。而且,如果问题规模太大,存储器受限,空间并行性还可以减少问题规模。空间并行性的缺点是由于在空间进行波场数据分解,需要并行求解三对角方程。但是,$f\text{-}x$ 偏移需要解许多三对角方程,这样就可以用流水线并行方式。

下面两个例子是在美国 Sandia 国家实验室的 Intel Paragon 并行计算机运行的结果。

第一个例子是一个小型问题,网格是 101×101 和 256 个频率(表 1-1)。

表 1-1

计算节点	运行时间, s	速度, MFLOPS/s	并行效率, %
1	377.0	21.44	100.0
2	186.2	21.73	101.2
4	92.7	21.82	101.7
8	47.8	21.29	98.6
16	23.8	21.47	99.0
32	12.6	20.56	93.5
64	6.7	19.95	87.9
128	3.9	17.77	75.5

另外一个较大问题，包含有 101×101 网格点和 2048 个频率，结果如表 1-2。

表 1-2

计算节点	运行时间, s	速度, MFLOPS/s	并行效率, %
16	478.3	18.08	100.0
32	239.2	18.09	99.9
64	120.3	18.02	99.4
128	60.6	17.94	98.7
256	31.5	17.43	94.9
512	16.6	16.80	90.0
1024	9.4	15.33	79.5

利用工作站机群或 PC 机群进行有效的地震并行处理，例如，三维 Kirchhoff 叠前深度偏移，或噪音压制。美国 ADS 公司就建立了基于 PC 机群的环境，由 104 台 Pentium CPU 组成的机群（图 1-10），其内存共 42GB，磁盘 1.216TB，运行 LINUX 操作系统[operating system]，使用 MPI 消息传送

接口。这样的系统比超级计算机成本要低得多。图 1-11 是 2000 年 6 月底公布的当今世界上运算速度最快的 IBM ASCI White RS/6000 超级计算机,每秒 12.3 万亿次,由 8192 个 Copper 微处理器组成,内存 6 TB,磁盘 16 TB。

图 1-10　PC 机群

图 1-11　ASCI White 超级计算机

Conoco 石油公司新安装的石油工业界最强大的地球物理计算机系统，是地震勘探计算机技术的一个里程碑。该系统采用 Intel 机群，采用 Linux 操作系统[linux]，配备先进的机械手磁带库，10 terabytes（10 万亿字节）硬盘存储，具有 0.5 teraflops（每秒 5000 亿次浮点运算）能力。Conoco 石油公司专有的地震软件，具有 XML 兼容的[XML]、基于 Java 的用户界面[java]。

1.4 在线处理分析

利用现代计算机技术和全球通信资源，包括远程会议技术[teleconferencing]，地球物理学家和岩石物理学家可以为数据拥有者提供接收和分析数据技术服务，并通知分析结果和提出建议，不管这些地球物理学家、岩石物理学家，数据拥有者在任何地方。美国石油研究院和几个主要石油公司，曾经进行过称为 ARIES 计划的所谓交互地震试验：利用高速的卫星和地面的 ATM 网络（异步传输网络），把墨西哥湾地震勘探船上采集的数据实时传送到陆地处理中心，配合在美国各地的勘探专家分析，利用解释结果指导下一步的采集和处理，实现采集、处理、解释一体化。

另外方面，随着 Internet 资源的发展[internet]，会出现国外有人称的"虚拟岩石物理学家"，进行远程地层评价。如果你不需要岩石物理学家在井的现场进行实时决策，虚拟岩石物理学家可以对你进行如下的帮助：

（1）在钻井前，岩石物理学家通过电子邮件建议有效的地层评价方案选择。

（2）在钻井过程中，每天钻井和地质报告，数字泥浆录井和图件，通过电子邮件发送给岩石物理学家，在每个阶段岩石物理学家都提出地层评价的建议。

（3）在每次测井后，数字测井数据和图件通过电子邮件送岩石物理学家，岩石物理学家执行测井分析，把结果和图件通过电子邮件，送井场和操作办公室。

（4）岩石物理学家还可以为在现场操作的地质家和石油工程师，提出诸如重复地层测试和井壁取心的位置之类建议。

我们前面主要介绍地震数据处理和测井数据分析。实际上非地震勘探计算机应用也有广大领域。例如，重磁电综合处理解释系统，其功能包括：重力场处理和转换、变物性参数正演、变物性参数反演；磁异常正演、磁异常反演、样条曲线平滑、静校正；电法剖面正演、电法剖面反演，以及数据管理、作图软件等。

2 交互解释

三维地震勘探提供巨量的数据，经过计算机处理后送给地质家、地球物理学家和工程师使用。三维数据中包含的许多信息，至今还没有被我们充分认识。此外，地震数据结合井的数据，以及交互综合解释技术的进步，会使我们可利用的信息越来越多。应该说，过去十年间交互解释技术有了飞速的发展。

2.1 数据结构

新的三维和层位数据格式：砖块式地震数据体、铺瓦式层位和数据压缩技术，有助于快速容易地进行解释（图2-1）。

砖块式数据体，是把三维数据体分割为许多小砖块，在解释过程中，如果需要用的数据砖块在内存中，则直接使用；如果不在内存中，由系统读入内存；内存缓冲区不够时，系统把暂时不用的数据砖块写回磁盘。

铺瓦式层位是把一个三维层位数据，排成一个二维矩阵，矩阵的行和列由平面坐标（x 和 y）定义，而矩阵中元素的值，表示该层位的相应拾取点的垂直方向坐标（t 或 z），未拾取点相应值取为空（null）值。一个层位对应一个矩阵。而这个矩阵可以看做一个数据片，所有数据片叠在一起，形成类似铺瓦式结构。

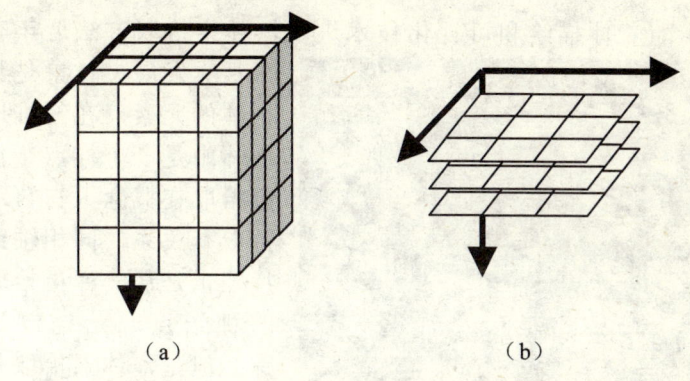

图 2-1 砖块式地震数据体(a)和叠瓦式层位(b)

Sierra 地球物理公司在 20 世纪 80 年代末开发三维地震解释系统 3DI 时，就采用过砖块式和铺瓦式结构，近年其它公司在数据压缩和提高存取（access）性能方面又有发展。

2.2 三维构造解释

计算机辅助层位和断层面解释，是现代解释系统（图2-2）影响最大的领域。有许多解释地震层位的方法，包括：手工拾取、插值、自动拾取、体素拾取和界面切片。

自动拾取程序有两类：特征拾取程序和相关拾取程序。特征拾取程序搜索倾角窗口内部相似的样点形状，如波峰、波谷、零点等，道间不执行任何相关计算。基于相关的自动拾取，则是围绕拾取的种子点，取地震道的一部分，通过由倾角搜索窗口指定的一组时间延迟，与相邻道进行相关。显然，相关自动拾取比特征拾取计算量大，一般也是更可靠的拾取。

随着体描绘和可视化技术进步，体素拾取方法近年有了很大发展。体素是数据体的元素，在三维地震体中是一个样点。体素拾取在概念上与自动拾取有关系，同相轴或特征也是从解释员拾取的种子点开始控制追踪。但是，体素拾取是沿真正三维路径穿越数据。由种子体素起始，体素追踪程序按照用户指定的搜索规则，搜索相连接的体素。搜索一般在纵测线方向、横测线方向和时间方向进行。在三维空间中通过快速扫描，容易发现亮点振幅，然后选择目标进行快速构造评价，自动追踪检测，获得地层信息。

图 2-2　先进的交互解释环境

界面切片是解释地震层位的新奇方法。这技术包括可视化和解释层位切片厚片的局部有限区域。

计算机辅助断层解释，比较层位解释的发展成熟程度要低一些。断层解释算法主要是以某种方式追踪数据体中的不连续性。有的算法需要初始解释输入，需要拾取断面的种子点。也有的算法需要数据先经过预处理，建立的数据体，突出不连续性，然后追踪不连续性，构成断面。最近 LANDMARK 公司推出了自动断层追踪程序 FZAP，可以快速建立和编辑断层构架。

数据的时间切片显示，可以看到古沉积体系的特征。层位切片和比例切片，用全交互过程建立最为理想，使解释员能够探测三维数据体中古沉积体系迹象。当前，模式识别和体发育工具的发展，使用户可以看到沉积体系的三维对象。这样三维对象的可视化，可以把沉积体系的地层学信息，增加到构造形态的显示上。

2.3 属性计算和应用

复数道地震属性（包括地震波的振幅、频率和相位信息）早就被用于研究地震岩性变化。地震属性是地震数据中导出的几何学、运动学、动力学和统计学特征（表 2-1）。某些特征可以对于特定的储层环境更敏感；某些特征可以更好揭示不容易检测的地下异常；某些特征被用于烃类的直接指示。下表是一位地质家在多年前列举的若干可以用于识别地层变化的属性。近十年来，新的属性不断被提出来。大约有 100 种属性计算公式可供选择。另外有人把地震属性分成层位属性（沿地震体中一个三维界面分布的数据的测度）和体属性（沿地震体中时间段分布的属性的数据的测度）。

许多属性的物理含义是含糊的。例如，弧长（也称为反射非均衡性），是指测量给定区间的"波形道"长度（技术上，它近似于区间内的线积分），受振幅、频率和区间长度影响。弧长变化也许与地质有关，但是问题可能更复杂。

这里，需要着重指出的是，1995 年，Bahorich 等将地震相干性作为一种地震属性使用。三维地震相干数据体对于圈定断层边界，以及分析地层的细微变化，如河道、点砂坝、峡谷、滑塌构造和潮汐泄流模式非常有用处。

表 2-1

属性	特征	用于识别	方法
相位	相位,瞬时频率	反射层位,结构相,烃类,薄层	解释信号,谱分析
振幅	各种方法修正的振幅,真振幅,相对振幅,反射能量	亮点,暗点,岩石性质的改变	球形发散校正,衰减/校正,传输校正,AGC 校正,解释信号
极性	极性	反射系数变化,烃类	解释信号,地震道
从传播的联合模态得到的数据	剪切波和压缩波速度,两者之比	弹性模量,岩性,孔隙度,烃类	常规速度分析,识别波的模态,复杂模型射线跟踪
从参数模型得到的数据	AR 和 ARMA 系数,因子系数等	由可以识别的岩石性质变异造成的变化	自回归模型,谱分析,因子分析等
构造/地层模式	尖灭、断层,褶皱冲断层,断裂,背斜	圈闭,储集层,液体接触面	图象处理,层位跟踪
从钻井测量得到的数据	各种测井参数—声速度导电率,密度等。从 VSP 得到的参数,从岩心分析得到的参数	层速度,声阻抗,岩石类型和年代,孔隙度,饱和度,渗透率	各种不同方法
子波畸变	振幅对于射线参数的关系,求积	薄层,过渡区	模式识别,匹配滤波
衰减/频率计算参数	$Q-1$,频谱,参数模型	岩石类型,孔隙度,烃类,薄层等	数据自适应谱估计,频谱中的各种比值,上升时间等
速度	叠加速度,均方根速度,偏移速度,层速度等	岩石类型,孔隙度,烃类	常规 NMO,基于模型求解公式,反演射线跟踪,直接反演

续表

属性	特征	用于识别	方法
反射系数随角度的变化	剪切波速度和压缩波速度，密度，声阻抗	弹性模量，岩性，孔隙度，烃类	从校正的记录的矩阵反演
地震相关系	三角州，礁，深海	沉积环境，沉积历史，可能的岩石类型，圈闭源岩，储集层等	零交叉，相位，位移和尺刻不变性的模式识别，交互解释，最近邻聚类法

最后还需要强调的是，综合利用地质和地球物理数据关系到构造精确的解释，是非常重要的。井下数据与地震数据对比，有助于解释人员了解处理和解释中一些重要问题。如层速度分布、时深关系、反射面意义等。此外，通过对地震数据、测井数据和生物地层学数据及岩心数据综合分析，地质家可以提取地层信息。在油田开发中，通过综合地层预测和油藏工程数据，有助于改进储量估算和油藏动态评价。

2.4 交互测井解释

利用交互测井分析，可进行图形化参数和区带拾取，并且可以即时重计算。改变参数，其结果立即可见。例如，随着直方图上或曲线上泥质参数的移动，泥质含量形态立即改变。利用统计曲线分析模块[statistical pattern recognition]，可以选择应用模糊逻辑、用户公式、曲线，预测岩石性质的变化。

精确的合成地震记录软件，需要具备各种功能。如：随时间变化的多种子波选择、测井分析和相关、地质约束、地震测井、频率响应、曲线滤波、分层定值、AVO 模型、道分解、斜井合成记录、输入输出格式等。

2.5 三维可视化解释

利用计算机的彩色显示,可观察构造、地层、振幅异常。彩色显示可以帮助识别地震剖面或时间切片上的细微变化。

计算机允许解释人员作出任何假设,并与油藏中的已知条件对比。若假设错误,地质家可以检查其它假设。地震数据和解释结果早就可以通过三维透视图来交互显示和分析,但是解释拾取工作大部分仍然是常规地面向平面(剖面或切片)拾取层位、断层和不整合等。近年,Shell 研究中心首先研制了三维图象处理和立体解释技术。该系统可以在三维数据体中,对地质、地球物理和油藏工程信息综合进行三维图象处理、三维可视化和三维立体描述,包括:(1)利用图象处理模块,增强和突出界面边缘或相似特征;(2)从数据体或属性体交互拾取和检测层位;(3)测定层位属性(长度、曲率、面积、体积等),并用井的信息进行标定,或根据模型进行预测。

可视化是数据直观方式的表示,以进一步理解数据和揭示对数据的新认识。在这个定义中,关键的词是"直观"。人脑中大半神经元与视觉关联。人类通过各种视觉信号感知三维世界,包括透视、光/影、聚焦深度、透明性和阴影、立体感、运动视差和周围视觉等。

桌面可视化已经使用一定时间了,已经具备透视、光/影、透明、立体感,以及初步的头部追踪技术(解释员的头部位置改变,反映在屏幕上,图象相应改变)。数据的三维可视化技术的进步,会增加对数据的新的洞察。用户希望有多个屏幕围绕他,或者使用更大的屏幕。

Magic Earth 公司是专门发展体解释技术的公司,使用户可以实时分析海量数据集。主要创始人 Michael J. Zeitlin 和 Yin L. Cheung,原来都参加过 Texaco 公司三维可视化项目。Magic Earth 利用 GeoProbe™ 可视化软件,使得油气工业用户可以快速解释大数据集。GeoProbe 使得地学专家同时显示多种地震属性和测井记录。这样的能力可以降低勘探风险以及钻井和生产成本。图 2-3 和图 2-4 是 Magic Earth 的可视化解释显示例子。

图 2-3 Magic Earth 可视化解释技术例子之一
振幅显示,河道颜色是 Z(时间)

图 2-4 Magic Earth 可视化解释技术例子之二

切割的采样体瞬时相位显示,垂直带状剖面为振幅,
水平带状剖面为瞬时振幅,小采样体为包络

3 三维油藏建模

在油气勘探生产过程中,需要对油藏进行细致的描述和研究,需要建立三维地质实体模型,以定量描述几何形态和拓扑结构(互连)。这样的建模,比建筑业和机械制造业采用的计算机辅助设计(CAD)技术,要复杂得多。因为地层是由多种地质现象(如,沉积、风化、岩浆浸入等)形成,并且由于构造运动,使得其形态和各个地层间的关系更加错综复杂。

三维建模方法包括三个方面:(1)"几何结构"。考虑主要断层,检测和计算交面。(2)"拓扑结构"。主要考虑层位。层位是利用解释的数据,外推到断层,被断层切割。这时形成的交面,还有"缝隙"。(3)"地质结构"。利用地质信息,如层位和断层的接触,重构交接界面。

3.1 带断层的层位

考虑从三维地震数据拾取的点集合,建立带断层的层位(图3-1)。我们希望构造界面是三角形化的,把内部边界定义为对应于断层的间隙。方法可以分解为四步:(1)确定层位

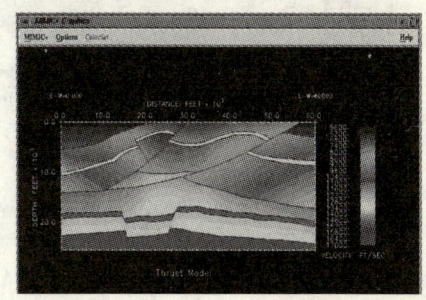

图 3-1 带断层的地层模型
(Landmark 公司)

边界。可能有些点位于断层,或由于缺乏数据,有空洞。需要消除孤立的点,或数字化断层间隙。(2)提取层位的内部和外部边界。内部边界对应层位与该层位派生的断层间的交界。提取内边界,导致提取断层。层位边界是作为一组点提取。(3)连接层位边界点,形成层位。用户可以观察和修改这些边界点连线。(4)在内部和外部边界确定后,可以建立带断层的层位的三角化的界面。用户可以利用可视化软件显示和编辑这样建立的层位。

3.2 断层和层位的网络连接

不要认为任何界面都是层位,因为在一个断层两侧的孪生断层块,断层面相互为界。断块的形态需要服从一定规律。计算断层走向,改进断层的形态。最后,考虑断层和层位网络连接(图3-2)。

建立构造模型的软件,应该尽可能自动化,并能够实现交互观察、理解,以及修改、编辑。工作流程需要适应可以利用的数据。表示断层集合的数据可以是

图3-2 断层与层位交接
(GeoQuest)

点、线、断层对象或三角型化的界面。层位集合可以由点、多边形、三角型化的界面表示。断层和层位的交叉,断层和层位接触,应该可以有算法自动检测。

3.3 地 质 约 束

当前,在构造地质学计算机应用中,建立三维地质层构造的实体模型(图 3-3、图 3-4)非常重要。三维地质层均衡重建,则是有挑战性的课题。这里有两个不同的但是互为

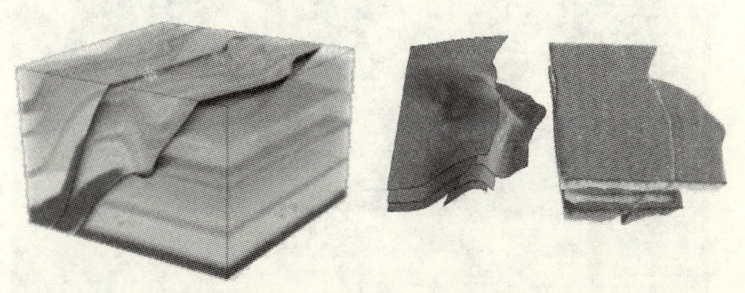

图 3-3 地质模型　　　　图 3-4 层的模型
　　(GOCAD)　　　　　　　(GOCAD)

补充的研究途径:(1)连续方法。考虑变形是由于颗粒在力场下移动,通过一组约束来模拟地质行为。特别是物质守衡(等价于平衡剖面中的二维界面守衡)是主要约束。另外,特殊约束是变形能量最小化。(2)离散方法。离散化没有折叠的地质层为分块,并可以利用构造树的工具。

地质层三维均衡展开,是数值构造地质学中的一个关键问题,但也是非常困难的问题。传统方法包含把层位展开为一系列独立的对应于断块的片段。

以地质家的解释为基础,可以对离散平滑插值进行约束。其中一个约束是"边界定在界面上"。另外,油藏属性建模需要表示油藏内部结构、属性和状态,以及相互间年代关系。

图 3-5 是 MIMIC+模型软件的用户界面显示例子。

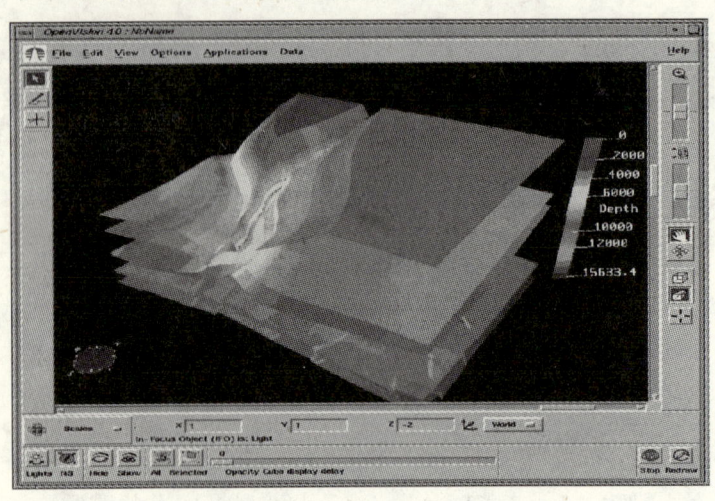

图 3-5　MIMIC 模型软件

4 地质统计油藏表征

石油存在岩石的孔隙空间中,在封闭的条件下,这样的岩石称为油藏。但是并非所有岩石都是一样的。有些岩石的孔隙大,有些岩石的孔隙小。有些孔隙互相连通,也有些孔隙不连通。另外,在不同深度和位置,岩石孔隙变化非常大。前面我们讨论了产生高精度的地下图像技术,这当然是计算机应用的主要目标之一。但是岩性估算,例如,孔隙度分布、流体因素、裂缝模式、空隙压力预测、岩性与流体预测,也是计算机应用的非常重要的领域。

为了最有效、最经济地生产石油,我们必须知道岩石和其它油藏的分布性质。找出油藏特征如何分布的过程,称为油藏表征[Reservoir Characterization]。

油藏表征是通过计算数据点间的属性值完成的。这些数据和计算的属性值,合起来,构成属性网格。利用网格来表征油藏,是因为网格可以输入给许多石油工业应用软件,如可视化软件、油藏流体模拟软件和物质平衡软件。

构造油藏网格,可以有多种不同的方法。我们这里选择地质统计。地质统计是基于地质概念和数学理论(如统计、相关函数、随机场和分形)的综合技术。它用于分析与位置有关的数据,以数据和解释为基础,建立二维、三维或四维模型。自从该技术引入到石油工业中以来,使得不同专业技术人员,如地质家、地球物理家和工程师,可以一起工作,进行油藏描述和建立油藏模型。

4.1 建立精确的网格

与其它网格化的方法相比,地质统计(克里金和条件模拟)方法可以产生更精确的网格。当然,对精确性有具体的定义。

精确性的定义之一是网格的期望值和实际值之间平方误差最小。这正是推导所谓克里金算法的准则。因此如果我们希望找出油藏中某些东西(如高渗透率区带,注水井位置,注蒸汽时的气腔等),克里金算法是一种最好的网格化方法。精确性的另外一种定义是,与输入数据有同样的统计数值(均值和标准差)和连续性。这是条件模拟地质统计方法所依据的准则。所以,如果我们试图确定油藏的连通性和流体流动的曲折性(这些性质对于油藏模拟非常重要),条件模拟是最好的网格化方法。

4.2 数 据 综 合

地质统计的最重要优点是能够定量组合不同类型的数据。典型的例子是结合地震和测井数据。地震数据是作为软数据,它很多,但是并不精确。测井数据是硬数据,比地震数据少,但是也比较精确。在地质统计中,两种数据可以通过协克里金算法综合。

许多其它类型数据,也可以在某种程度上与井的数据相结合。例如盆地沉积模型数据,在没有地震数据和钻井很少情况下,极其有价值。另外一种类型数据是生产和试井数据。工程师和地质家已经认识到他们没有全部利用可以利用的数据,而把许多有价值的数据丢失了。

图 4-1 是 Landmark 公司 SigmaView 交互地质统计分析软件显示的例子,该软件可以综合多学科数据产生精确的油藏模型。

还值得一提的是,挪威的一家名为 DGB 的公司研究了一个的所谓"集成构架"。构架可以视为对地质和数据组成的描述。该方法利用地质组成词典,分层次定义地层模型。这样的构架可以表示需要研究什么,以及如何集成和操作、存取数据。井(实际的或模拟的)则是构架的"现实"。这样的构架是独特的集成方法。

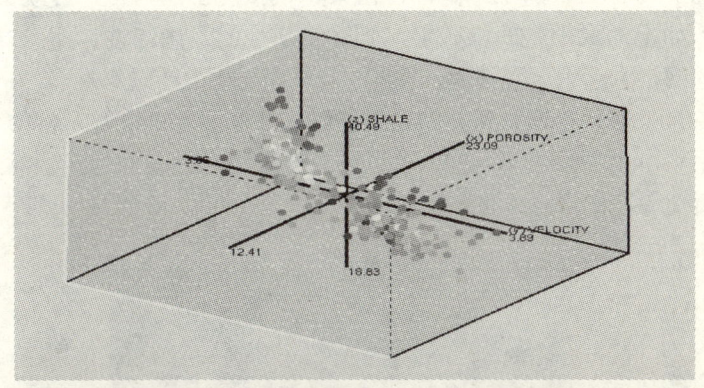

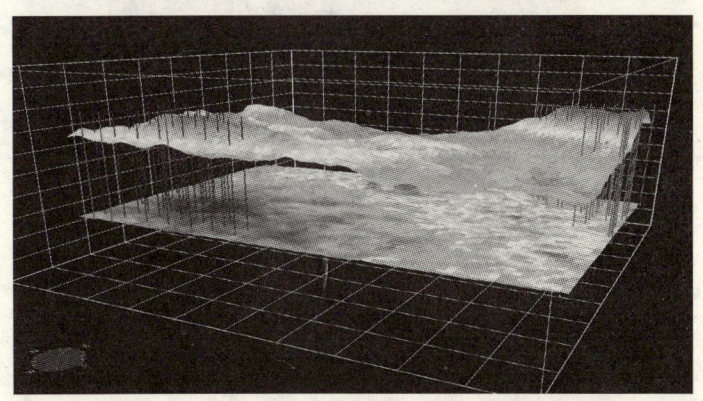

图 4-1 SigmaView 交互地质统计分析建立油藏模型

4.3 定量表示不确定性

对于给定的一组输入数据,条件模拟地质统计方法产生一系列网格,与输入数据的均值和标准差,以及纹理(变差图)特征是一致的。如果油藏有许多数据,而且高度连续性,则油藏描述没有太多的不确定性,由条件模拟产生的网格,外观类似。如果油藏不是非常确定,则有实质性的不确定性,而且产生的网格看起来区别很大。图4-2是一个随机的渗透率场。

对于油藏管理,重要的是要能够定量表示不确定性。例如,采用用不同的渗透率网格,可以预测最佳的和最差的生产状况。这避免中途出现意外生产状况。

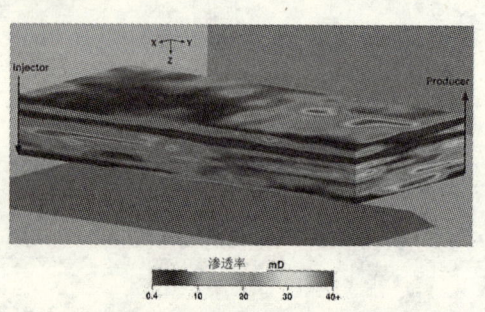

图4-2 随机反演现实获得的平均孔隙度

4.4 约束和迭代

传统的地质统计忽略了可用于约束的一个关键信息——地震数据。Jason地学系统公司的StatMod软件实现了这个关键的约束,有效减少了地质统计不同现实之间的变化。其采用的方法是迭代方法。把由直方图和变差图产生的结果与地震比较，如果匹配，认为当前模拟比以前的好，保留作为新的数据点。在随机模拟中，利用地震数据约束，并利用模拟退火保证平滑收敛模型，不出现局部最小值（图4-3）。

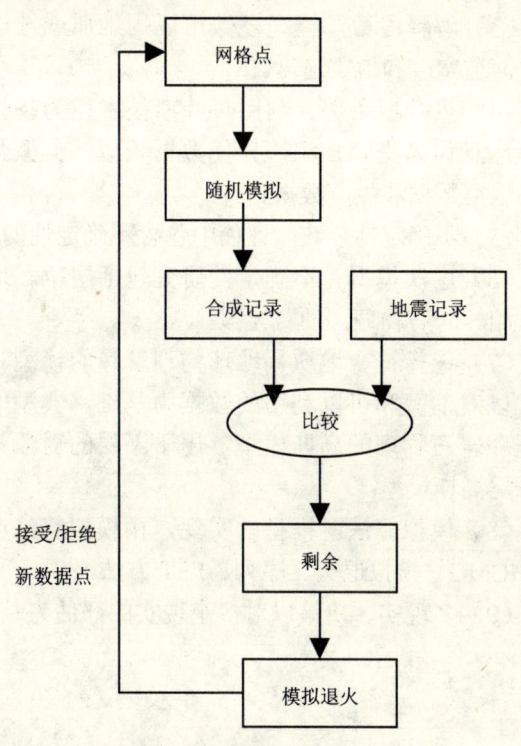

图 4-3　地质统计随机模拟流程示意图

这里介绍挪威计算中心油藏表征研究所一些研究计划。其基本工作原理是：

（1）数学模型。在数学模型中利用尽可能多的信息，并作为随机变量处理不确定性。

（2）公式前提假设。数学模型是以明确的公式前提假设为基础，例如，油藏可以分段、层、相。相态可以按照对象参数化，渗透率是对数高斯型的。

（3）解释参数。模型参数可以用地质或地球物理解释。例如，河道宽度和地震速度。

（4）贝叶斯条件。利用贝叶斯技术作为条件，以地质地球物理信息作为先验知识，并使数据相似。典型数据有井观测数据、地震数据和生产数据。

（5）不确定性参数。评估中包含不确定性的最重要参数。

（6）层次模型。不确定性研究包括层位、地震断层和小断层、相、岩石物理、油藏模拟。

（7）选择符合地质、地球物理解释的模型。数学模型的选择，以对油藏和可以利用的数据为基础。典型的模型有：对于层位和岩石物理的高斯模型，用于断层的对象模型，用于相态的折尾高斯模型。

（8）模拟算法。模型的实现，由模拟算法产生。典型算法有 MCMC、模拟退火、序列、FFT 方法等。

（9）多现实。决策以对多个现实的评估为基础。

5 软 计 算

在油气勘探生产计算机应用中,很重要的工作是如何把三维地震属性与生产、岩性和地质信息、测井信息建立关系。由于地震和测井信息的复杂性,通常很难利用传统的数学工具和标准的统计技术进行分析。现代软计算技术,可望有助于完成这类复杂的工作。神经网络计算、遗传计算、模糊逻辑和概率推理,都属于所谓软计算。

5.1 神经网络计算(NN)

首先需要说明,这里介绍的神经网络[NN],更恰当些说应该是"人工神经网络"(Artificial Neural Network,或 ANN)。生物神经网络(Biological Neural Network,或 BNN),比这里讨论的人工神经网络的数学模型要复杂得多。但是,一般为了简便起见,把"人工神经网络"中的"人工"两个字省略了,直接称为"神经网络"。同样,把 ANN 中的 A 也省略了,变成 NN。

NN 没有公认的定义。不过在这个领域中的大多数人都同意把 NN 看作一种由许多简单处理机("部件")组成的网络,每个部件具有少量本地存储器,这些部件通过数据通信通道("连接线")相互连接,而且只对本地数据和通过连接线接收的数据操作。

某些 NN 是模拟生物神经网络,也有些不是。但是,在历史上,NN 领域的确一直受到能够制造灵活的,或许具有"智能"的人工系统所鼓舞,并希望因此能够增加对人脑的了解。

没有人准确知道有多少种 NN，每个星期都有新的发明（至少是已经有的变种）出现。这些方法可以区分为监督的和无监督的学习[machine learning]两个大类。

（1）有监督的学习：有一个"教师"在训练阶段利用示例，告诉网络它做得怎样（"强化学习"），或应该有的正确行为（"完全监督学习"）。

（2）无监督学习：网络只查看提交给它的数据，找出数据集合的特征，并学习把这些特征反映在输出中。网络能够学习识别什么样的特征，依赖于特定的网络模型和训练方法。通常网络知道数据的某些压缩表示方法。

有一个在油气勘探中应用最普遍的算法，称为 BP（反向传播）算法（图 5-1）。这是一种多层网络：自上而下含输入层、若干中间层和输出层。上层的每个节点连接到下层所有节点。算法综述如下：

（1）建立若干训练样本集合，包含已知的输入向量（长度为 n）和期望的输出向量（长度为 m）。

（2）选择网络结构（输入层节点数目为 n，输出层节点数目为 m，中间层通过试验确定）。

（3）将每个连接权初始化为小的随机数。

（4）将已知输入向量逐一输入网络，依次通过网络节点产生输出。

（5）根据输出误差和网络参数调整连接权。

（6）若输出节点的误差大于用户定义的准则，转向（4）继续循环。

（7）网络训练完成保存网络的权系数。然后可以把需要分析的数据送网络处理了。

软计算   35

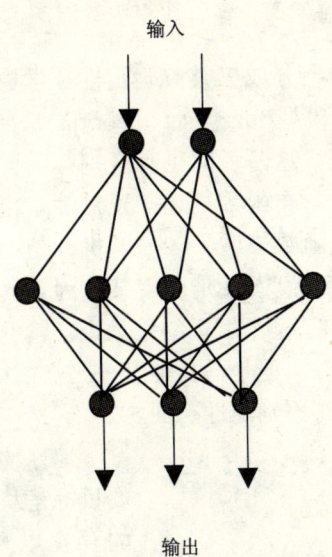

输入

输出

图 5-1 BP 神经网络示意图

用测井曲线确定岩性，可以作为神经网络监督学习的例子。在网络学习阶段，在一组测井曲线中，选择若干有代表性的测井值及其对应的岩性，送给网络，网络从中学习识别岩性的规则。在网络得到训练后，可以把其它测井曲线值送给网络，网络会自动识别其对应的岩性，进行分类。

神经网络计算在油气勘探开发中应用非常广。例如，地震数据处理中一些最费人力的环节，包括地震道编辑、初至波拾取、速度谱分析、层位追踪等。

5.2 模糊逻辑

有人把数学模型分成三类：确定性数学模型、随机性数学模型和模糊性数学模型[fuzzy set theory]。后两者也称为不确定性数学模型。但是，这两者间也有区别：（1）随机性是指事件发生与否，用概率分布函数描述；模糊性是指元素对于集合的隶属关系，用隶属函数描述。（2）随机性是因对某规律掌握不够而形成不确定性；模糊性是由于某些因素的排中律被破坏而造成不确定性。例如，一个解释结果是否隶属于孔隙度"大于 0.1 的集合"具有确定性。但是，孔隙度"比 0.1 大得多的集合"是一个模糊集合，具有不确定性（图 5-2）。

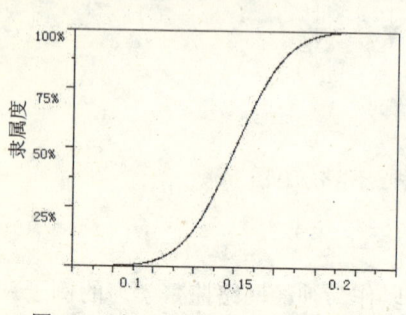

图 5-2　表示"比 0.1 大得多的数"隶属函数

地球物理数据解释的主要目标是从数据中发现构造的存在以及细微的地层异常，标识出不同层的岩性和其它物性。但是，地震数据属性中的特征与地层异常之间，并不存在确定性的关系。例如，地震相位、极性、速度等变化，可能都能够被用于识别烃类，但是却不存在确定性的关系公式。无论如何，属性可以用于定性和定量解释，而模糊聚类分析和模式识别可以作为一种解释的辅助工具。

模糊技术在勘探开发中应用的一个主要方面是模糊聚类分析。聚类分析有各种不同的聚类算法[fuzzy algorithms]。例如，k-均值算法，是指定 k 个中心，表示 N 个点的聚类。这些点通过一系列迭代调整，每个点被分配到一个类。一般要使得产生的 k 个类之间有最大可能的差异。模糊聚类则把一个数据集合，划分为模糊类，每个数据点可以在不同程度上属于多个类。

在油藏工程中，建立三维地震数据与生产、岩性、地质和测井曲线（如孔隙度、密度、GAMMA 射线等）关系非常重要。一些研究人员利用神经网络与模糊逻辑结合，成功地在井筒处找到了地震与测井曲线或砂岩的岩石性质关系，并延拓到井筒以外的地方，合成测井曲线。利用模糊逻辑结合神经网络技术，可以预测：（1）测井曲线与地震数据之间的映射关系；（2）基于多属性分析的油藏连通性；（3）产能估计；（4）最佳井位设计。

5.3 遗传计算

最优化技术已经被用于地震数据处理问题中多年，一般采用的是最小二乘法。近年研究者开始注重把先进的最优化技术，用到近地表静校正、速度分析和地震反演。这里讨论一种称为遗传算法（GA）的新型最优化技术。GA 可以用于求解非常大型的问题，并可以克服传统的最优化方法的某些缺点。正如其名称所隐含的，GA 的基本模型包含了生物遗传学和达尔文适应环境优者生存的概念。

GA 是利用粗略的模拟生物进化过程的方法进行解题的一种最优化技术。GA 技术的基本机理是以下面的概念为基础：活着的生物物种，表示在敌对的环境中生存问题的最优化解。在生物界中，具有最适宜在环境中生存的染色体的个体，一般趋向于成为支配的物种，并把其优良的特征传给后代。经过许多代后，群体中多数个体获得了这些好的遗传特征。个体的遗传物质偶然也会发生变异。大多数变异是不好的,但也有好的。如果这样,变异也会传给后代。许多最优化方法可以用这样的模式来说明。最优化问题的一组控制参数,对应于个体的染色体。正如群体中每个个体具有一组独特的染色体表示环境生存"问题"的解,可以建立具有一组独特的控制参数的值的解的"群体"。最后,借用遗传学中的规则,通过现有解的群体的组合,建立控制问题新的解。

简单 GA 的方法,可以概括为如下步骤:

(1) 把问题变量表示为一串称为染色体的数。染色体的成员值,合起来是最优化问题的一个可能的解。作为地震数据处理中的一个例子,考虑未知变量是地震子波的样点。未知变量的数目 N,即样点数目。GA 最优化目标是找出满足某些性能准则的每个样点的值。

(2) 利用随机数生成程序,建立数以百计的染色体"总体"。每 N 个染色体可以设想为群体中的一个个体。

(3) 利用适当的适应度函数评价总体中的每个适应性,即度量染色体或子波对于问题的适宜程度。对于所有个体可以并行地进行评价。

(4) 从原来的"父母辈"群体中选择两个染色体,建立新的"孩子"染色体。染色体的选择可以粗略地依据适应度——具有高适应度的染色体,比低适应度的染色体被选择上的可能性大。一个变异操作,将随机修改一个或多个染色体成员。重新组合包括在随机位置把两个"父母辈"染色体分裂,并重新组合分裂的串为孩子染色体。

(5) 利用适应度函数评价新的孩子染色体。对于所有新的孩子个体,可以并行地进行评价。用孩子染色体群体取代父母染色体群体。

（6）重复回到第（4）步，直到找到一个染色体具有可以接受的适应度则停止。

令人意外的是这样的简单过程，竟可以用于找到很好的子波解。遗传算法的非常强的优点是适合于解非线性问题（即适应度函数具有多模态和不连续性）。一般讲，交叉和小的变异，可能产生利用局部极值（局部峰值或凹谷），而大的变异可以搜索空间（找不同的峰值或凹谷）。交叉一般趋向于收敛，而变异具备收敛和发散两样性质。遗传算法具有很强的能力。遗传算法已经不是实验室或科学玩物。它可以应用于严肃的实际的业务问题中，包括求解特别大型和复杂的问题。

遗传算法已经被用于三维偏移速度分析、井间层析成像、剩余静校正，地质地球物理数据反演、基于模型反演、AVO反演、剪切波反演，以及油藏注水动态分析。

6 油井规划

直到 20 世纪末,从地球物理勘探到实施钻井的过程,还不是一个计算机化的、连续的工作流程。这个过程被分成一系列孤立的工作步骤,每个步骤由不同专业人员,只利用本专业的数据工作。这个过程的大部分步骤,很少有钻井工程师参与。而地球物理学家也只负责处理和解释地震剖面,地震数据一般只被用于帮助解释储层构造,在作出构造图后,地震数据就被束之高阁。地质家主要利用测井曲线拾取地层顶界,绘制地下构造图,进行岩石物性解释和岩石物性作图。一旦地质学家选择了钻井目标,才把井位交给钻井工程师,由他们规划和设计需要钻的井。这样传统的工作方式无论在数据和知识的利用方面,都是不充分的。

地质家、地球物理家和工程师没有共享关键的解释和决策所必须的数据和知识。这样的局面长期不能够改变的原因,不仅与传统工作方式有关,也由于目前不同学科的各种应用软件不能共享和交换数据。由于不同工作步骤缺乏衔接性和实时交流,使得解释结果和设计方案缺乏全面的技术分析,往往不是最佳的或只是折衷性的。

计算机技术的进步,改变了地质家、地球物理学家和工程师们的工作方式,他们可以有效地合作,取长补短,降低勘探开发成本和风险。在勘探开发的各个阶段,尤其在优化钻井的过程中,提高效益、控制成本和降低风险,可以降低整个勘探开发费用。这样的新工作方式,在国外也称为多学科资产小组。优化的工作流程可以使组员间充分合作,进行合理化勘探。改善钻井规划和钻探过程的关键技术包括:

6.1 地质和地球物理一体化软件的应用

一些著名的油田技术服务公司,例如,斯伦贝谢 GeoQuest 公司,已经开发了比较先进的地质地球物理一体化软件技术。一体化软件,不但可以用于选择钻井目标,还用于实时地更新解释结果和设计目标井的轨迹。一体化软件还可以提供岩性剖面,帮助预测孔隙压力和裂缝压力。把地质和地球物理一体化软件和油井设计软件结合起来,可以简化和加快实时钻井的设计修正、优化井眼轨迹及减少侧钻小井眼。

6.2 一体化钻井软件

水平井(图 6-1)和复杂的钻井(图 6-2)设计需要一体化钻井软件。这样的一体化软件,有一个钻井数据库管理系统。针对钻井过程各种任务的应用软件模块,可以存取钻井数据库。这些软件包括:井眼轨迹设计、井底钻具组合设计和水力分析、扭矩分析、防碰撞分析、固井

图 6-1 水平井设计

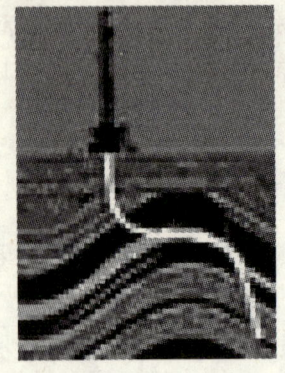

图 6-2 复杂的井轨迹设计

设计和评价、录井分析、钻井液管理、套管设计、汽涌和负压钻井模拟等。该系统一方面可以连接现场的报告和实时数据源,获得钻井数据和信息,追踪钻井活动,另外一方面还可以与数据银行连接,获得地质地球物理信息。井眼设计人员,可以阅读由地球物理家做的地震解释或地质家编辑的地层顶部信息。

6.3 共享数据

地质和地球物理一体化软件和钻井软件之间,可以交换数据。数据共享可以通过石油数据银行实现。多学科资产小组的成员一起工作,共享数据,非常重要。例如,基于地质

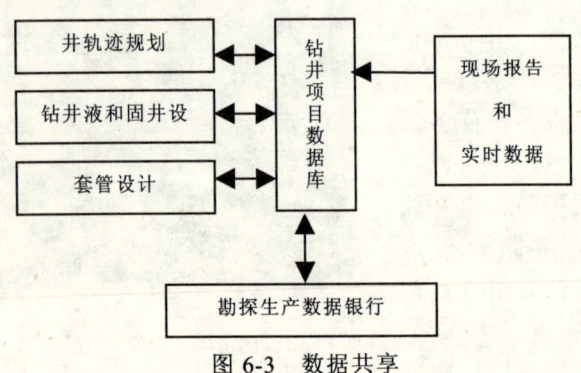

图 6-3 数据共享

地球物理解释和井间有关数据，工程师可以设计套管。钻井过程中实时更新数据，有助于优化作业，预测可能发生的问题，以及降低风险（图 6-3）。随着数据库中的历史数据积累，将进一步提高作业效率，进一步降低风险和成本。

6.4 共享地球模型

地球模型是数字形式表示的地下状况（图 6-4），是基于地质、地球物理和测井数据分析以及模型模拟获得的。但是，

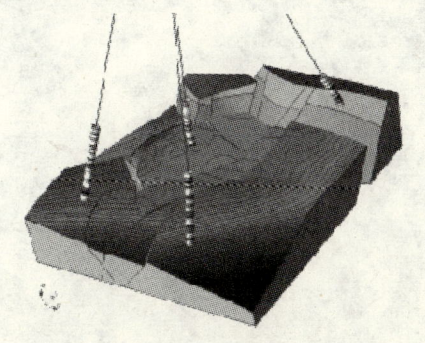

图 6-4 地层模型示意图

由于测量误差和数据限制，这样的模型具有不确定性。共享数据模型对于地面井位设计、井轨迹设计、孔隙压力预测，以及增加固井稳定性，减少钻井遇卡和钻井成本都有好处。由于地球模型一般是由地质家和地球物理家在 UNIX 工作站上建立的，而目前钻井工程师一般使用基于窗口操作系统的 PC 个人计算机，所以，共享地球模型必须在共享数据的基础上实现。

图 6-5 表示利用光标容易在三维空间设计定向钻井，使

之通过地震数据体中多个异常目标。

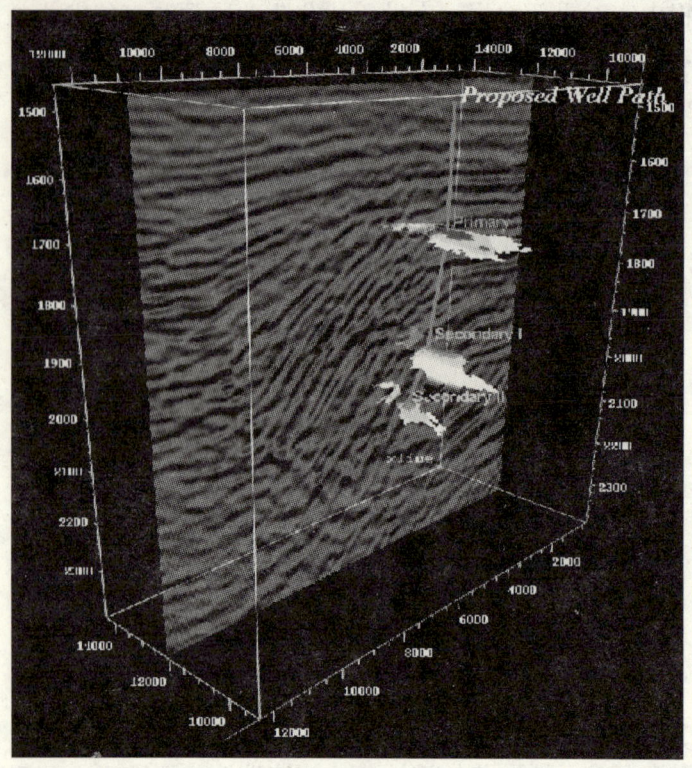

图 6-5 定向井设计

7 油藏模拟

在过去石油工业计算机应用中,估计超级计算机一半用于地震数据处理,另外一半则用于油藏模拟[simulation]。也许在 21 世纪,会有新的应用领域需要超级计算机,例如,本书最后两个部分讨论的"临场感的可视化环境"和"数据银行"将需要超级服务器。但是,毫无疑问,油藏模拟是超级计算机最重要应用领域之一。

油藏模拟的目的是选择有关油田开发的布井、产出量、注入量和注入液种类等最佳方案,以期获得最佳的经济效益和采收率。

油藏是非均值的多孔隙介质,孔隙度和渗透率变化范围很大(图 7-1)。对油藏进行精细分析,需要了解油藏地质形态和所含流体,以及在注入和产出影响下,流体运动的精确模型(图 7-2)。而且在这样的介质中,包含各种称为组分的化学流体(包括水和甲烷、乙烷、丙烷等烃类)的复杂组合。每种流体有自己的压力、密度、黏度。组分混合成为相。有三种相:水相,大多数是水,可能有少量溶解烃;气相,大多数是轻烃,可能有少量挥发性重烃和水蒸气;油相,大多数是重烃,只有少量溶解的轻烃,并可能有些水。由于不同的相有完全不同的流体性质,对于流体运动影响很大。

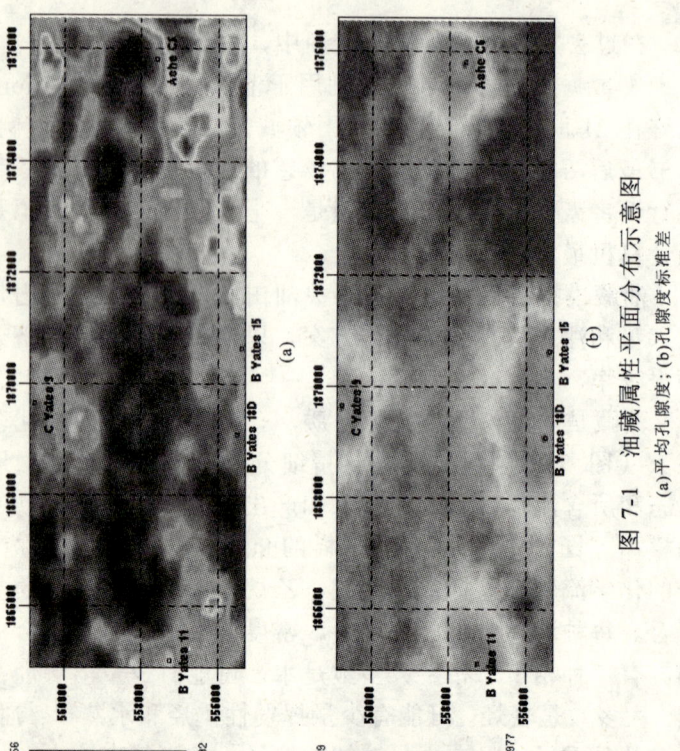

图 7-1 油藏属性平面分布示意图
(a)平均孔隙度;(b)孔隙度标准差

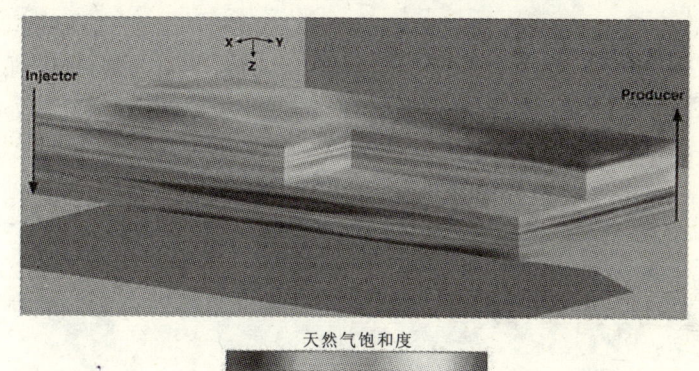

图 7-2 注入五年后天然气饱和度

7.1 数学模型

我们从组分模型开始讨论。理想情况是对流体系统的每种化学组分建立一个质量守恒方程。这样模型变成一种偏微分方程组。在实际计算中，通过网格化，把油藏离散化。如果有 n 个组分，需要在每个网格求解含 n 个未知数的 n 个非线性方程组。

以往大多数采用简化的模型。例如，黑油模型，假定烃类系统可以用两类"似组分"表示，一个是轻的，另外一个是重的，在标准压力下分别形成气和油的烃类成分。并假定流体的密度和黏度只是压力的函数，与烃的组分无关。水组分仅存在水相中，重烃组分只存在油相中，轻烃组分可能存在气相中（游离气），也可能溶解在油相中（溶解气）。溶解轻烃的量是压力的函数。

还有比组分模型或黑油模型更专门化的其它油藏模拟的数学模型。例如，化学模型，专门处理注入化学物质的强化采油过程。热模型，处理热注入问题。双孔隙度模型，处理裂隙油藏的特殊几何形态。

7.2 油藏模拟软件研究

有一系列研究课题对于发展油藏模拟软件直接有关系。包括：

（1）发展通用并行模块化的框架，能够具备动态存储管理、各个处理机负荷平衡，能够执行实际的高精度油藏模拟。

（2）实现各种油藏数学模型的公式，具备模拟复杂物理过程能力，流体计算算法具备可靠性和效率，偏微分方程离散化具备全渗透率张量。

（3）动态可调节网格细化，大型稀疏非线性方程组有效解方法。

（4）基于地质统计技术的特征计算。

（5）实时显示模拟结果。

7.3 并行油藏模拟框架

由于油藏模拟计算越来越复杂，如何针对现代并行计算机环境开发有效的算法和软件，极具挑战性。由美国能源部支持的一个计划，建立"新一代并行油藏模拟框架"计划，最新的一次测试，采用 400 万网格分块，3200 万未知量，在128个节点的IBM SP计算机上运行，大约花了23min。这可能是在20世纪做的最大和最快的组分油藏模拟，并展示了并行计算的潜力。

这个"新一代并行油藏模拟框架"，在软件方面有一系列特点：

（1）可变规模性。在一个处理机和许多个处理机运行，保持好的加速。

（2）快速。在IBM SP计算机中，每个处理机达到每秒8000万浮点结果运算能力。

（3）可靠性。避免数值计算陷阱。

（4）可移植性：可以在高性能并行计算机，如IBM SP和CRAY T3E上运行，也可以在工作站机群以并行方式执行。

（5）模块化[module]。框架是模块化的，而且灵活，可以使开发人员增删、修改，试验各种数值方法，解不同物理问题（如黑油模型）。

8 油藏管理

油藏工程师的最主要目标是：获得最大的油藏经济效益和获得最大的油气采收率。要达到这两个目的，需要优化油藏管理，选择合适的井下作业方法，以提高产量和延长油田寿命，降低成本和提高采收率。

传统的油藏管理是由相互独立的地质、油藏、钻井、完井、生产、设备等部门组成流水作业。在每个阶段，各个部门都独立进行一些重要的决策。例如，评价油藏边界、确定油藏驱替机制、估算储量、预测产能、制定钻井计划和设计地面设施等。以往在进行这些决策时，并不可能充分利用各种资料和知识。

从 20 世纪 80 年代开始，国外开始组建跨学科小组，例如，地质和油藏，油藏和钻井，钻井和完井，设备和生产。但是，由于没有应用先进的计算机技术，整个流水作业方法还是处于分割状态，并且有很大程度的重复工作。油藏管理还是主要只依赖于开发初期的测井资料、采油前的短期试油资料和采油历史资料。目前如何通过综合地震、地质、工程和生产资料，实现油藏评价和油藏工程、油田开发有效一体化，完善油藏管理，是石油勘探生产计算机应用中重大课题。

8.1 高精度油藏成像

标准的油藏描述方法是以先进的三维地震成像开始的。

但是，地面地震和井筒测量数据受尺度限制。三维地震虽然提供大数据体，但是，地层尺度有限，不能够单独定量描述各种关键的油藏性质。井筒测量的测井记录和取心数据提供高分辨率采样和参数精度，但是，只有油藏数据体的小部分。油藏模型需要定量描述流体通道的几何形态和关键的油藏参数（孔隙度、渗透率、饱和度和压力）的分布。精度、分辨率及其可信度，影响对油藏生产能力的预测，以及最终的经济效益。

井间地震成像是井间高分辨率油藏成像的新的实用的技术。在概念上，井间地震使地震勘测从地面进入到油藏本身，这有许多实用优点：

（1）垂直分辨率一般提高到 2~5ft（比地面勘测提高 10~100 倍）。

（2）直接引用深度度量，减少地面地震时间深度转换时的任意性。

（3）时间推移重复监测，可以精确地确定差异。

（4）可以避免近地表影响，如地形、风化层、气通道和上覆效应（如盐丘）。

8.2 油藏特征描述

对油藏的认识，是油藏管理的基础。这些认识包括对油藏非均质体的认识，如沉积单元和边界、断层和裂缝，这些都会影响油藏开发和开采方式。地层的非均质性和断层的封闭性，影响连通性和渗透率，还影响剩余油分布。

油藏特征描述是描述含油气层段的几何形态和其它特性，涉及静态和动态油藏特征。其中包括高精度地质模型。

在油田开发的早期,地质不确定性是最大风险。没有那种单一学科数据可以单独完全精确描述地下的情况。正如我们前面提到过的,测井数据有高的垂向分辨率,但只提供油藏很小范围的情况;三维地震数据可以覆盖油藏范围,但只提供有限的垂向分辨率;岩心分析可以得到孔隙的信息,但只限制在短的井段(图8-1 是利用计算机辅助层析 CAT 法扫描碳酸盐岩心产生的体显示,可以研究孔洞孔隙度和渗透率);井间地震可能对精确地质模型有较高的价值,但是目前这样的数据并不多。所以,在油藏描述时,必须综合利用各种,不同地质尺度和分辨率的数据。不断积累各种数据,是改进油藏的静态和动态性质的基础。这些数据包括:地震数据、测井数据、试井数据、产量数据、压力数据、岩心数据、流体数据,以及各种解释过的数据。如果测量的数据不足以完整描述油藏,地质家还可以把地质露头和类似油藏得到的知识用于描述油藏。由于油藏描述涉及的数据类型特别多,所以,数据共享尤其重要。

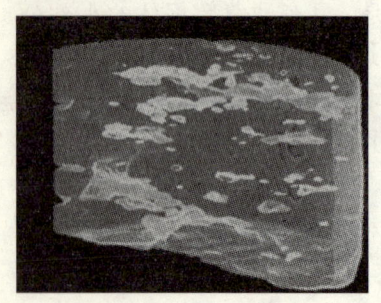

图 8-1 岩心计算机辅助层析显示

油藏描述要求建立油藏模型。目前三维建模软件主要是以测井和地震数据为基础,采用绘图算法和地质统计方法,推断地下的几何形态和性质。油藏模型应该用油藏工程中的物质平衡和井内测试结果加以验证。还可以利用各种数据约束建模,例如,有人建议用裸眼井成像识别油藏隔层。

斯伦贝谢公司提出综合多领域数据建立共享地球模型的技术，代表油藏描述技术的进步。这样的地球模型（图 8-2）包含油藏内部结构，流体接触面和运移通道及流动屏障等方面信息，以及岩石、流体类型和性质等信息。对共享地球模型的各类数据的检查非常重要。需要把预测的模型与实测的数据进行比较，迭代修正模型几何形态或性质，达到与实测数据最佳拟合。

图 8-2　多层的油藏模型

8.3　油田开发方案

油藏描述是制定油藏开发方案的基础。制定这样的方案需要使用一系列软件：建立油藏模型、数据管理、油藏模拟、储量和产量评估、经济风险分析、地面设备和输油管线设计等。从共享地球模型出发建立的油藏模型，显示了在给定的时间油藏中的流体分布。时间推移或四维地震勘探，可以识别出岩石和流体变化。油藏模拟提供产量和采收率预测，是对开发方案进行技术分析最重要的工具。根据一定的经济准则，选择和评价各种方案，确定成本是否合理。经过经济和风险分析，最佳的开发方案也就可以确定了。

地质家和工程师，希望有一种功能强大的地质解释系统能够方便地对油藏进行评价，了解油藏特征和进行商业决策。Landmark 公司的 StratWork 地质解释和测井对比软件，提供了这样类型的能力（图 8-3）。

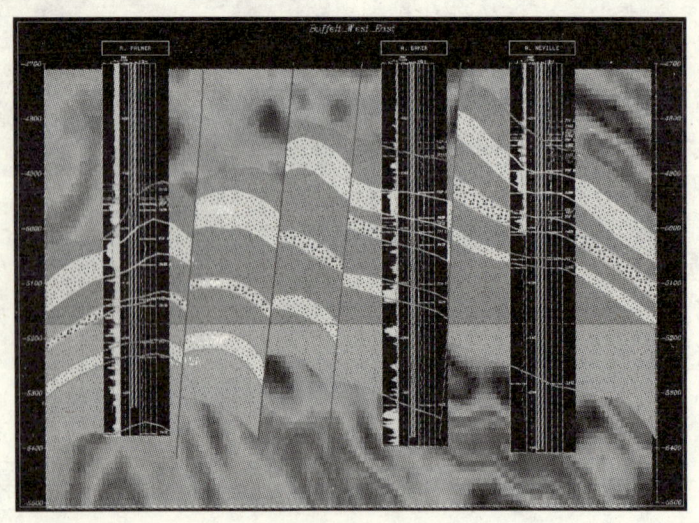

图 8-3 地质解释和测井对比

8.4 油藏动态监测和控制

油藏监测和控制的目的是弄清油藏动态，以便采取措施提高采收率。

监测工作包括利用永久性的井中压力计和温度计，以及放置在套管中的流量计。利用计算机数据历史拟合，可以用于检查油藏模型。在完井时放置在井中的传感器，可以用于记录井的动态和油藏动态。计算机利用新数据更新油藏模型和调整开发方案。

油藏监测的更加重要的工作是了解地下流体流动随时间变化的情况。四维地震勘探可以监测油藏中的油气运动。四维地震数据计算机成像，在追踪流体运移、确定旁通带状油藏位置，确定加密井的井位有重要的作用。结合油藏模拟，计算机可以绘制在采油和注水期间油和水饱和度分布变化图。井间地震对于时间推移监测油藏生产变化有独特优点，其分辨率高，可以获得薄互层或流体通道、通道砂岩或不渗透的页岩等隐蔽特征图像。

GeoQuest 关于油藏综合优化软件系列。包括：

（1）Frame3D 智能油藏构造器。建立断层面、层位和加密的网格，用于模型层位和地震解释同相轴，或控制井。

（2）Property3D。属性三维模型提供工具把岩石和流体性质，增加到共享地球模型。为了提高精度，有经验的用户可以修改模型数据。该模型可以提供有效属性图、不确定性分析、油藏划分和连接。

（3）FloGrid 构造流体流动模拟网格，用于油藏模拟程序。一套工具，从地质或随机模拟网格，计算和模拟流体特征。

计算机在油藏模拟和管理中的应用，已经帮助油气公司预测和提高最终采收率。应用软件的进步，共享地球模型技术的发展，以及应用地震监测和井下传感器，可以进一步改进油藏管理。图 8-4 是 Schlumberger 公司提出的油藏管理的未来发展的模式。

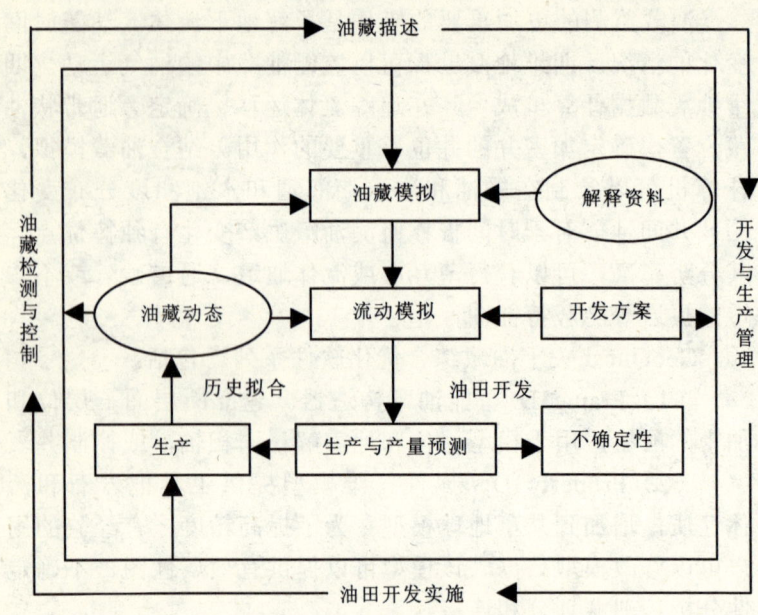

图 8-4 油藏管理的未来发展模式

9 决策支持

在前面几部分,我们着重介绍了勘探开发技术分析应用计算机技术。这也是直到 20 世纪末,勘探开发计算机应用的主要领域。但是,勘探开发业务过程,还有其它环节,特别是决策过程,至今没有应用计算机。勘探开发决策过程是一迭代过程,可以用图 9-1 表示。

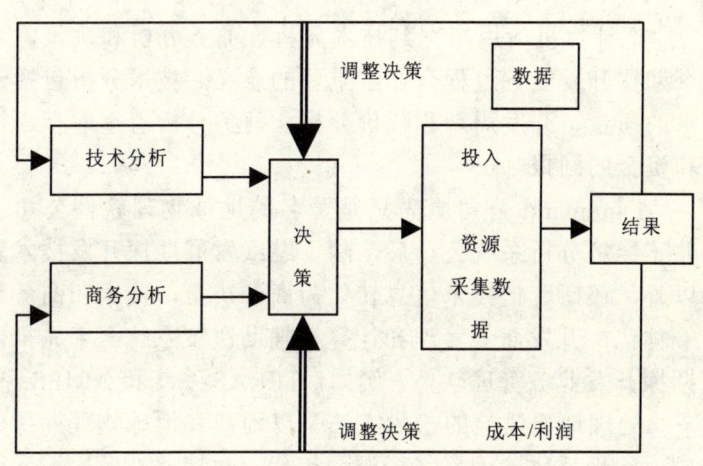

图 9-1 勘探开发决策过程

上面这个示意图主要说明:
(1)勘探开发决策是在技术分析和商务经济分析的基础上开展的。
(2)在决策基础上确定投入,包括投入资源(资金、人员等)、增加采集数据和开发工作。

(3) 投入的结果,采集的新数据被用于技术分析,产生的成本利润用于商务分析,以及调整决策。

当然,无论计算机技术发展到什么程度,勘探开发决策主要是由人作出的。但是计算机可以提供先进的决策支持工具和环境。发展计算机支持决策,有许多基础工作需要做,比较重要的有以下四方面。

9.1 把计算机和信息技术应用到业务全过程

把计算机应用拓宽到技术分析、商务分析和决策,对整个勘探开发业务过程有非常重要的意义。技术分析包括对技术的质量、开发周期和代价分析。商务分析着重库存、投资和资金的回报。

Landmark 公司原先只是著名的地球物理软件公司,购并了经济分析系统公司后,除了继续发展勘探开发技术软件以外,还研究把技术信息转化为商务决策,技术和商务数据一体化,开发商务管理和计算机辅助决策系统,率先推出的勘探开发业务管理软件,例如,TERAS 系统和 ARIES 系统。

处理地质风险的一般方法是以地质和地球物理勘探为基础,给地质风险因素(烃源、年代、封堵、油藏岩石和圈闭等)指定概率,然后综合产生成功概率。Landmark 公司的 TERAS 风险和卷宗管理系统,是一个集成化的资金配额系统。设计用来获得和开拓多学科项目信息。TERAS 把经济评价和分析与卷宗模型优化结合。先进的经济模型技术,使得用户可以识别和评价本质上的不确定性,包括:控制油气聚集、生产和开发的参数、价格和其它影响项目效益的经济因素。这改进了资金的分配过程,增加了股份价值。

Landmark 公司的 ARIES 生产、储量和经济管理软件,可以用于组织、管理、评价关键的经济和生产数据,目的是获得最大的回报。无论是利用衰减曲线分析预测产量,还是资产收购,该软件可以帮助提供有信心的计划。ARIES 快速灵活,在关系数据库(relational database)系统下以多用户、客户服务器方式运行,可以利用多个数据源,包括生产数据库。其特点包括:标准的数据库、集成工作流、信息共享和并行分析。

9.2 实现数据共享

勘探开发过程可以分为一系列"生产"和"决策"阶段,即"生产"、"决策"、"生产"、"决策"…。在每个勘探"生产"阶段,把数据上升为知识(认识),进行储量估计和风险分析。正确的决策、生产效益来自对各种信息的有效利用。这里包括地学信息(图 9-2)和其它业务信息。在"决策"阶段,还有许多其它因素需要考虑,如经济因素、本地基础设施、公司的技术条件和竞争力。

在勘探开发"生

图 9-2 地下构造模型
(GOCAD)

产"阶段，地震、钻井的成本、人工费用和科研费用可能非常高，需要对风险和储量的变化进行评估，有所选择，也有所抛弃。如果公司的外部条件不成熟（没有获得授权的竞争力，缺乏基础设施），就必须在地球科学方面是领先的，能够识别被其它公司遗漏了的远景目标。

在不同生产和决策阶段，实现各种专业人员共享数据、信息和知识，极其重要。这需要建立虚拟的共享数据库。因为实际上，技术和商务数据是分布存放在不同数据库中，只有通过虚拟共享数据库，才能够提供有效检索和存取数据的工具，以及与技术分析、商务分析软件的接口。

发展虚拟共享数据库，需要采用新技术。其中之一是移动代理。所谓"软件代理(Agent)"是一段计算机程序（agent），可以自主代表用户工作。而移动代理（moving agent），是可以在网络上、在它自己选择的时间内，从一个机器移动到另外一个机器的"软件代理"。有了移动代理，用户和应用软件可以容易地共享网络上的数据。因为只要告诉移动代理需要什么数据，它就可以为你在网络上查找。

此外，地理信息系统（GIS）在石油勘探开发数据管理中有特别重要的作用。Bertagne 给出过基于 GIS 的数据集成工具在决策中应用的例子(Bertagne，2000)，下列不同阶段需要的信息都可以用地理信息系统工具获得：

- **进入盆地决策**
  - 已发现油田储量分布？
  - 勘探开发成功率？
  - 深部探测过没有？
  - 以往公司活动花费？

- 一般勘探成本？

● **选择重点区**
- 什么样的构造因素控制地质和油气聚集？
- 有无构造基底控制构造？
- 各种地质单元沉积配置？
- 是否有未勘探区带，深度？

● **地质物探数据**
- 开放区有无可用地震数据？
- 有无井资料？
- 有无发现？
- 从建立的趋势中是否有机会？
- 给定区块一般厚度和孔隙度？

● **获取面积、参与合伙**
- 哪些矿场开放？到期？
- 哪些公司在操作？

● **勘探钻井和设施计划**
- 最近管线位置和剩余能力？
- 水深、道路？
- 是否可以连接其它井？

● **油藏管理**
- 不同地层生产量？
- 哪些产量接近被放弃程度？
- 深部是否探测过？

9.3 建立企业综合管理系统

今天的油气勘探开发公司,不但需要管理大量的地震和井的数据,还要管理各种商务信息,包括文本、视频、音频、图像等信息。过去谈企业计算机管理,只是指利用财务电算化、个别的办公自动化工具。建立企业综合管理系统,则涉及企业生产运作的流程管理、策略分析、网络管理等。

建立企业的综合管理系统,是企业走向科学决策的重要步骤。需要选择可行的、可靠的解决方案。应该说,石油勘探开发公司,对于这样的解决方案还缺乏经验。值得一提的是美籍华人王嘉廉先生创办的 CA 公司,作为专业研制企业级系统管理软件的公司,为世界上许多大型企业提供过全面的企业管理解决方案。例如,Unicenter TNG 是面向商业性企业管理的体系结构,管理企业中不同的计算机网络、系统、台式计算机、数据库和应用软件,使它们成为信息技术环境的不可分割部分。当然,在勘探开发公司发展这样的综合管理系统,还有许多问题需要探索研究。

9.4 建立具有临场感的可视化决策环境

近年,一种称为虚拟现实[virtual reality]的可视化计算机新技术,引起国外许多大油气公司高层决策和管理人员的广泛兴趣。

用于油气勘探开发的虚拟现实有多种。如大型监视器和电视墙(0.91m×3.05m)、弧形显示器(120°,9.14m)(图

图 9-3 可视化决策环境

9-3),以及房间大小的称为 CAVE 的封闭环境。在这样的环境中,使用立体眼镜或三维镜,使人有进入地底下的临场感。这样的系统尤其适合勘探开发决策进行演示。据西方石油公司的技术计算经理称,以往在决策的时候,把地震剖面和各种图件分别传送审议,可能花费数周甚至几个月时间,而在具备临场感的环境中,评估和决策过程缩短到 1h。

这样的可视化系统在石油工业中安装数量快速增加。根据提供这样高性能计算机系统的 SGI 公司称,1997 年只有 3 台 SGI 的 RealityCenter 用于石油工业可视化中心,1998 年安装了 25 台,1999 年又安装了 50 台。

9.5 定量评估和综合指数

决策者是在综合考虑各种因素的基础上作出其决策的。如何定量评估各种因素,是计算机应用的重要方面。例如,一个勘探公司,可能需要确定在钻一口探井前,是否需要先进行三维地震勘测。基于对这个盆地的历史信息和初步研究,可以计算做和不做三维地震不同方案的风险价值,由此得出三维采集的"价值"。当这个"值"是正的,公司应该坚决考虑进行三维采集。若这个"值"是小的负数,公司应该重新审查三维地震的建议,确定其是否有经济价值。

10 临场感可视化环境

在临场感虚拟现实可视化环境中,用户如同浸入数据中。有比较简单的桌面系统(图10-1),也有大型的系统(图

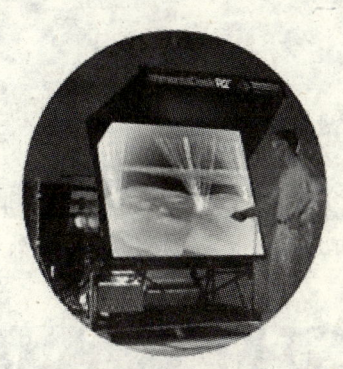

图10-1 桌面虚拟现实
可视化系统

10-2和图10-3)。在1997年,ARCO、TEXACO和NOSK HYDRO都安装了大型临场感可视化环境。TEXACO视觉屋大屏幕(8~11ft高),弧形屏幕横向可跨过大约160°。数据被三个投影仪器投影在屏幕上。沉浸的感觉主要通过加大视野,使数据充满大部分视野。ARCO和NORSK HYDRO安装沉浸可视化房间,以芝加哥的ILLINOIS大学研究的CAVE为基础,由四个投影面组成——三个正交的平面垂直的墙和地板。墙上的图象从背后投影,地面的图象从顶部投影。沉浸的感觉通过扩大周围视野和数据的立体投影实现。

图 10-2 Magic Earth 可视化中心外观

图 10-3 Magic Earth 可视化中心

10.1 地震解释

临场感可视化应用在地震解释中,可以大大提高解释工作的效率。在临场感可视化环境中,数据不仅包围解释员,实际上也像充填了房间。在这种环境中,解释员可以走进数据(图10-4),沿解释的层位,在断层间,指出穿透目标层位的井。由于头部追踪被用于随头部位置变化改变数据投影,数据改变非常直观,正像解释员穿过数据。有一件事情是确定了的:从现在起,5年到10年后的现代地震解释与今天的现代地震解释将是非常不同的。

目前发展的现代可视化解释技术特点有:

(1)利用识别技术确定异常目标。成功的解释依赖于把重要的现象从周围数据中区分出来。例如,利用不连续性、相干性或相似性,可以增强断层目标。解释需要用不同数据体,不同地质现象在不同数据体上识别。使用单一数据体的地震解释时代已经结束。

(2)利用颜色区分地质体。颜色刺激是通过眼睛中视网膜杆状体和锥状体这样的物理传感器。杆状体控制夜视,能发现灰度变化。锥状体控制色视。这些结合在一起使解释人员的眼睛与解释环境相配合。此外,解释人员的注意力、记忆力和经验也非常重要。注意力集中在某对象的时间越长久,有利于在大脑皮层形成仔细的图象。记忆力和经验对于识别几何形态,发现沉积特征是重要的。而颜色加强了人脑这样的能力。

(3)把移动作为解释手段。移动是以解释人员看起来是连续的方式移动对象,并且能够控制移动的同步性。每秒多于 16 帧(最好 30 帧以上)图象,就能够形成连续移动。移动对于确定数据空间、时间关系,以及精确定位,都是重要的。

(4)利用离析技术。离析是确定参数,使重要现象可以从周围数据中分离出来。它不同于识别技术,因为是通过观测现有的数据实现的。离析技术及其用途很多,如深度提示方法(颜色、遮挡、明暗、移动都可以产生不同深度提示);光照方法(通过调整光源照亮场景,从对象的明暗确定三维关系);圈定区域(围绕重要区域放上可移动的边界);拾取

图 10-4 虚拟现实可视化系统

(ARCO 石油公司)

种子点(基于一组值或连续性,解释人员选择样点,利用离

析建立层位或地质体);层位边界(拾取区间顶、底,对两者之间数据进行离析);进行层位切片(移动解释了的层位垂直穿过数据,在每个位置显面上的值);体描绘(调整每个样点值在 0 和 1 之间:0 允许完全穿过光子,使该点看起来完全透明,1 不允许光子穿过,看起来完全不透明,这样描绘可以突出河道和断层等);体切片(类似层位切片,不过移动层位穿过数据体)等。

10.2 钻井设计

由地球物理家、地质家和油藏工程师组成的工作组,在这样的环境中可以一起工作。它也实现这些学科数据的三维集成。通过这些专家在同一环境中对同一数据一起工作,大大改进了整个解释、开发和钻井规划周期的沟通和集成。

10.3 工程评估

地震解释和钻井设计一般采用称为"沉浸式房间"的临场感可视化环境,这样的环境可能对实际解释数据分析和开发规划更好些,同时可以有五个人一起工作。而工程评估,则需要圆形大屏幕环境(图 10-5),这样的环境对大的管理组织评估工程,审查勘探、钻井计划或开发规划,是更好的安排,可以有 5~50 人同时参与。根据西方石油天然气公司的技术计算经理 Bill Bartling 称,"以往评估一个建议,需要把地震纸剖面和图件,从一个人传送给另外一个人审阅。这可能花费数月时间,而且还会获得许多不相关的意见。而在合作式环境中,我们只需要花费 1 小时,就可以达成一致，作出决策。"

图 10-5　大屏幕可视化系统

10.4　海洋平台设计

工程师和设计人员可以在临场感可视化环境中，建立和讨论海洋平台的数字原型。这样的环境比建立庞大的物理模型，速度快而且大大节省投资。

临场感可视化技术在石油工业界的应用还才开始探索。在不久的将来这些环境会根本上改变我们的业务方式。

这里需要强调的是临场感可视化，重要的特点是图形输出通过 1~3 个投影仪，投影到大的、"沉浸"式的屏幕。屏幕可以是圆柱状或球型的。屏幕大小和形状决定沉浸程度。屏幕大，覆盖用户视野范围大，沉浸度高。同理，曲线或球状屏幕有更好的沉浸效果。

由于大型系统造价高，许多情况下可以使用台式系统。

例如，休斯敦大学的虚拟环境实验室的交互工作台，其硬件由实际工作台、一个投影仪、SGI 工作站、追踪器、立体眼镜组成。软件使用 SGI 标准的编程接口。工作台是类似一个非常大的水平安装的监视器，它有一个屏幕，立体图象通过镜子反射到上面。有不同大小，例如，90cm 高，160cm×120cm 平面屏幕。磁跟踪器起跟踪触指或笔尖作用。有一按扭模拟右手。有两个小方片跟踪用户的头部和模拟左手。系统总是知道这三个位置。从头部位置计算视点两个虚拟的手可以看见。模拟右手的追踪器由用户右手控制，例如，在交互编辑生产井的轨迹时，直接用手定位井的控制点，井的本身可以通过样条曲线插值，井轨迹的颜色可以用于表示曲率。控制点增加、删除和替换操作都很容易。

11 数据银行

石油勘探过程比其它许多行业，更加依赖于数据和信息。多年来，石油工业在勘探开发数据采集、处理和解释的过程中，积累了大量的数据和信息。但是，石油数据管理目前存在许多问题，造成石油数据和信息的利用不充分。这些问题包括：数据分散，不易检索；数据格式不统一，存取困难；数据存储介质老化，丢失严重；数据不完整，可靠性差。

20 世纪 90 年代中期以来，许多国外石油公司开始建立石油数据银行。石油数据银行在许多方面是目前数据库管理系统所无法比拟的。特别是，传统数据库系统是针对每个具体学科应用系统的需要建立的（例如，地震解释系统、测井分析系统等都有各自的数据库系统），而数据银行则是针对多学科应用软件间数据共享的要求建立的。具体说：

(1)石油数据银行是按照统一的数据模型存放多学科数据。例如：地球物理数据（采集的原始数据、处理和解释的数据及速度数据）；井的数据（测井、录井、岩心分析、岩心照片、流体分析、地温地压、井历史数据）；地质数据（盆地、构造、地层、沉积、生储盖层等地质成果和数据）；地理和管理信息（探区租赁、工区位置、测线位置、井位及地理信息等）；文档（各种原始记录、测试分析、图件、成果报告等）。

(2)进入数据银行的数据均经过严格的质量控制、审查，确保所有数据的完整性和正确性。

(3) 采用高密度大容量存储介质，包括：联机（磁盘）存储、近机存储（自动磁带库）和脱机存储（磁带库）。

(4) 具备可视化的数据查询和检索系统，并与应用系统的项目数据库有应用接口。在严格安全措施下，既可以通过地理信息系统方便地索引数据，又可以为应用系统的项目数据库提供数据交换服务。

另一方面，数据银行与数据仓库也有所区别。按照普遍承认的定义，数据仓库是面向主题的、集成的、反映随时间变化的、非挥发性的数据聚集，用于支持管理决策。也就是说，数据仓库的重点是综合决策支持，数据银行的重点是应用数据共享。

石油数据银行的软件可以分成四类。

第一类，数据银行的核心，综合有关数据管理、安全、通信及存取的实用程序。这是系统的核心。以 POSC 数据模型为基础，大多数都采用 ORACLE 数据库管理系统。

第二类，存储管理。包括数据索引和存档软件，以及处理多层次的存储设备与数据间的连接。

第三类，输入输出实用程序和质量控制服务程序。这是很大的软件层，包括来自各种介质载体的所有数据类型的输入输出。其范围从读地震数据，到测井曲线扫描和数字化，报表扫描和索引。同时具备交互式的质量控制工具。输出方面，提供按照数据格式或数据载体的数据传输的灵活性。

第四类，应用系统接口。勘探开发应用软件，通过项目构造器，紧密地与数据银行相连接。项目构造器允许从数据银行建立数据库，直接供应用软件存取。用户界面自然直观，可以利用基于地理信息系统的基础图查询数据。这样的基础图,应该是"聪明图"或"智能图",通过浏览这个图,选择和存取数据。所有地震处理、地震解释、地震模型、测井分析、地质解释、油藏描述等软件,可以有自己的项目数据库,减少和简化与数据银行间的数据传输。此外,有些新开发的应用软件可以预先定义传输格式,直接访问数据银行。

在石油数据银行软件开发中,有几个技术关键需要研究。

11.1 数据模型和数据加载

实现勘探多学科应用的数据共享的关键是统一数据模型。我们开发的石油数据银行的数据模型采用国际石油开放软件协会 POSC 建立的数据模型 EPICENTRE。该模型定义与石油勘探开发技术业务有关的对象,POSC 称之为实体。在模型中定义了实体的特征,及其与其它实体的关联。EPICENTRE 是逻辑模型。目前有两种实现的方式,即逻辑实现和关系实现。

由于关系数据库是目前国内外石油工业界广泛使用的数据库管理系统,例如,Oracle,因此,EPICENTRE 的关系实现技术非常重要。首先,EPICENTRE 是用 EXPRESS 语言写成的逻辑数据模型,需要转换成为数据定义语言 DDL,才能够为关系数据库管理系统[DBMS]所认识。这样的转换过程,称为"投影"。

与数据模型直接相关的还有数据加载器问题。开发数据加载器,需要遵从 POSC 的数据存取和交换的应用编程接口的规范(DAE)。一般把基于 DAE 规范的数据存取和交换软件,称为 DAEF。数据加载器的研制,需要利用 DAEF。

11.2 应用系统接口

传统的应用数据库是与具体的应用系统（如地震解释系统）紧密相联，并且往往是同时设计的。而石油数据银行，需要支持多学科应用系统的不同应用接口，包括现有的（也称为"遗留的"）应用系统。因此，需要发展应用系统的接口技术。应用系统接口的机制，可以分为三类：

（1）网络应用接口。石油数据银行需要提供在因特网上的基于地理信息系统的数据"导航"能力（图 11-1），用

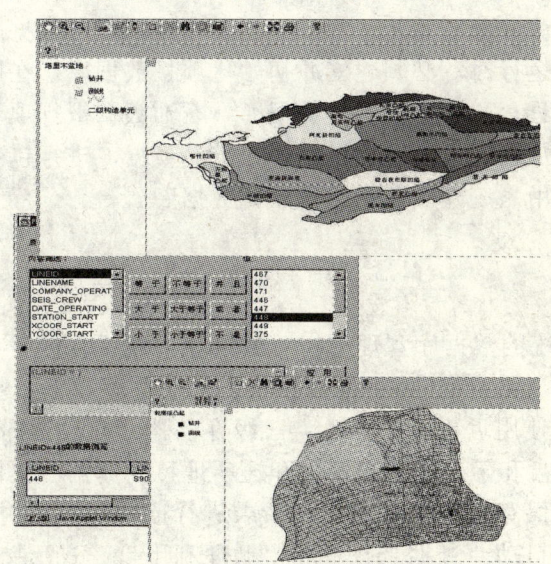

图 11-1　地理信息系统导航示意图

图形方式显示测量数据的能力。用户在因特网上可以利用超文本标记语言（HTML）调用。下一步还要研究扩充的标记语言（XML）的应用问题。XML 是非常适合在因特网上移动数据的方法。XML 文件是不同应用软件间移动数据的好途径。例如，可以利用 XML 文档定义曲线的结构性信息，包括：主索引、密度测井、补偿中子测井、校正曲线、曲线等，并把这样的信息在因特网上不同应用软件间传输。

（2）石油数据银行提供标准的应用数据接口，供新发展的应用系统调用。标准的应用数据接口，是按照 POSC 数据存取和交换（DAE）标准开发的。

（3）应用系统接口。现有的应用软件系统（如地震解释系统，测井分析系统）都有自己的专门的项目数据库。在应用系统运行时，必须建立并初始化项目数据库。在应用系统运行中只存取自己的项目数据库。石油数据银行项目构造器，能够从数据银行中提取用户指定的数据，进行包装，并发送给应用系统建立和初始化项目数据库。

11.3　介　质　管　理

在传统的数据库管理中，一般只使用联机存储器——二级存储器（磁盘），而石油数据银行由于其管理的数据量巨大，必须使用近机存储器——三级存储器（自动磁带库），实现在磁盘和磁带之间自动地和透明地移动数据，支持存档（对长期保存磁带，按照用户请求进行读和写），支持备份（磁带的自动"过期老化"和"循环利用"，一般是自动并频繁写，按照用户请求非频繁读），以及用户直接读和写磁带。

在数据银行中,三级存储管理,或者说介质管理(图11-2),是一个重要研究课题。介质管理的功能机制包括:

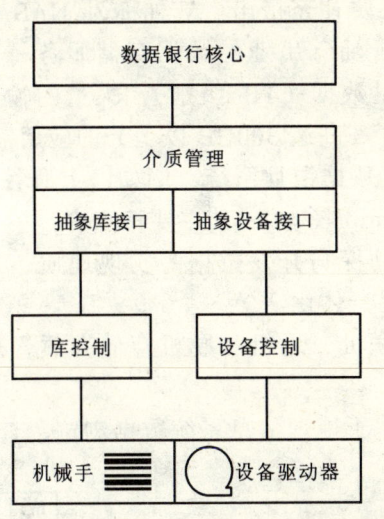

图 11-2　数据银行存储介质管理示意图

(1)把存储的逻辑卷映射到盒式磁带,并负责自动磁带库中的资源选择和调度。

(2)提供抽象的磁带库控制接口,并把抽象的磁带库控制接口,转换为对于特定的磁带库控制的描述。

(3)提供抽象的设备(磁带驱动器)接口,并把抽象的设备接口,转换为对于特定的设备的控制命令,同时,管理介质/设备信息,如,存取,自动反绕磁带,错误状态,统计信息等。

引入抽象磁带库和抽象设备的概念,提供自动磁带库控制的开放接口和设备的开放接口。这样可以容易地更换或增加自动磁带库或磁带机设备,而不必修改应用程序或数据银行的核心。

这里,还要补充指出,一种称为 NAS(网络附加存储)的系统,对于油气工业的数据存储服务将非常有用。NAS 可以满足海量数据(TB 级别),大量的输入输出吞吐以及单一大型文件(高达 300GB 以上)的应用需求。

勘探开发数据银行系统,例如,上海谷元石油软件工程中心的 PetroInfo(图 11-3)其主要特点有:

(1)集成勘探与开发数据,实现地质、地球物理和油藏工程数据管理一体化。

(2)集成联机、近机和脱机存储介质管理,支持多厂家自动磁带库。

(3)提供基于地理信息系统数据浏览、查询工具,以及

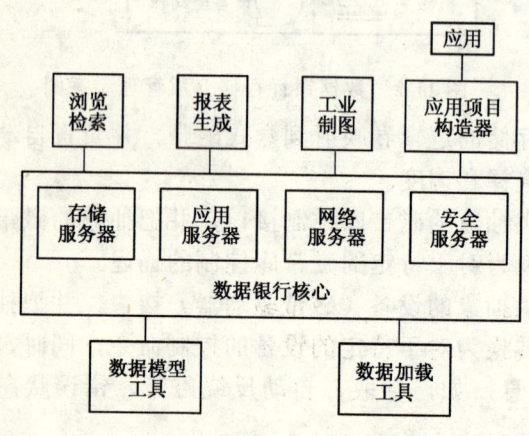

图 11-3 PetroInfo 系统结构

灵活的工业制图、报表工具。

(4)连接数据处理解释软件到数据银行系统。工作站数据加载。

(5)扫描和数字化曲线。

(6)数据格式转换和录入。

(7)数据编目和索引。

(8)数据检查和审计[Audit]。

(9)数据存档和组装。

(10)可以利用通用浏览器运行。

(11)遵从国际标准，支持本地化。

建立石油数据银行是一个系统工程，其任务包括四个方面：

（1）石油数据银行系统的开发和建立。

（2）数据采集和加载到数据银行。

（3）数据处理解释系统的使用和全面连接到数据银行。

（4）维护和人员培训。

其中，把处理解释应用软件系统连接到石油数据银行是一个非常复杂的工作。软件集成平台是一个集成石油数据银行与多学科应用软件系统的有效的途径。我们把软件集成平台定义为应用软件与其运行环境（数据、用户以及系统软件和通信）的接口。

石油数据银行应该被应用于油气勘探的全过程。一旦各种数据被采集和加载到数据银行，处理解释应用软件系统全面连接到数据银行，必将促进在勘探过程综合利用各种信息，有利于提高勘探效率，降低勘探成本。

12 电子商务

一场被称为电子商务[e-Business]的革命正在许多行业进行中。这场革命是以世界上最大的通信网络——Internet 为基础。在今后五年内,全球电子商务将飞速发展,从 1999 年的 1450 亿美元,增加到 2004 年的 72900 亿美元(能源领域将达到 2660 亿美元)。电子商务涉及两个基本问题:如何利用 Internet 运作公司,获得最大效率,以及如何利用 Internet 识别和捕捉商业机会。提出这样问题的原因是企业的客户、伙伴和雇员都在 Internet 上。

电子商务代表着未来油气工业业务的革命性变革。这种变革如同火药和印刷术带来的变革。

剑桥能源研究所的 Julian West 在描述电子商务时,把它与火药和印刷术做比较。在有火药之前,欧洲被分割为城堡,通过城墙和要塞的墙防止受攻击。当引进火药后,即使巨大石头墙也不能够提供任何有效的保护。没有了墙的分割,人们需要学会在一起生活。印刷出版也是老故事,它使得教会和地方通告不必人工手抄,这样每个人可以接触到世界上大量的知识和概念。

Internet 将改变我们工业的业务工作方式,很快还会改变我们生活的各个方面,许多将超出我们的想象。

不仅是油气工业,所有业务都处于向电子商务转换阶段。在未来,油气公司通过 Internet 把业务系统连接在一起,可以即时存取自己的数据和世界各地的信息。电子商务提供每种油田硬件、软件和服务的详细清单，世界各地都可以通过 Internet 获得。油气公司通过电子商务建立与服务公司更紧密的联系，使操作更加合理化，提高勘探开发效率和效益。

我们在这里要讨论油气工业的电子商务，可以为油气工业做什么，以及怎样可以最有效地利用它。

最近已经出现一些从事油气工业电子商务服务的网络站点。可以分三类：工业产权站点，物资和服务站点，以及应用服务提供者站点。

工业产权站点，涉及在 INTERNET 上买卖工业产权。这远不仅是工业产权分类广告，也不仅是简单的由电子数据库房支持的电子拍卖业务，它提供各种工具，使得可以更加好解释数据，进行充分比较。这样可以节省查找合格的矿场的时间，节省分析比较和选择的时间，以及节省其他为了查看数据而旅行的时间。

商品和服务站点，有两类，投标站点和目录站点。操作者不用离开办公室，通过投标站点就可以为一口井汇集配料，传送电子标书要求，接受电子标书，安排计划和付款。目录站点是简单、快速的方法订购物资，将使操作者和供应者协作，提高到从未有过的程度。当然，系统不可能替代人之间交往关系，但是回使工作更加顺利。

应用服务提供者站点，是相对新的服务类型。Internet 允许公司在需要的时候使用应用软件，而不必花费高价购买或花费高的代价的装置来运行软件。

12.1 电子购销

人们可以从网络上购买书籍、鲜花和光盘,是否可以购买地震检波器、钻井管材和防喷器呢?当然可以。在公司希望通过 Internet 购买物资时,应该了解电子购销的有许多种类型基本模型。

(1)报价请求模型。由买主提出他们的需求,传送这些需求到一系列卖方,然后评价答复,作出购买决策。

(2)拍卖模型。这是卖主的市场。他们在网络上介绍货品,从潜在的买主获得投标。

(3)逆向拍卖模型。买主请求一个物品,组织逆向拍卖,看哪个卖主价格最低。

(4)电子目录模型。买主可以通过网络一个或多个电子样本目录采购,在购买决策前进行比较。

也许大多数电子商务公司不是用单一的模型,而是组合各种模型。

eRig.net 公司基本上是油田物资代理公司,以 Internet 为中介,作为买卖双方的中间人。不像其它电子商务站点,eRig.net 不预先收使用费。卖主将在交易完成后,按交易费用的小量比例付费。这个站点原来设想用于销售剩余物资,但是物资目录中的 40%是新设备,也有还没有制造的。

EnergyPortal.com,提供报价请求的场地,并利用企业资源计划(ERP)系统,联系买卖双方。其站点有两个区域:标准的区域和专门的区域。标准区域有新闻、股票价格和运动会信息。特殊区域包括商品目录,交易性的和通知性的信息,有关组织的知识库,以及装备的可利用性。另外还设有讨论或谈天场所。

此外,许多主要的油气公司也考虑联合计算机公司,建立他们自己形式的虚拟市场。

通过 INTERNET 购买设备,是进入电子购销的第一步。但是,如果油气公司真正要最大限度节约资金,就必须改进购买主要服务的承包方式。这一点对于管理者想启动电子商务,帮助油气公司通过 INTERNET 购买固井、测井、压裂和其它服务,非常重要。

电子商务的早期,大多数人关心使大批量、低价格的采购合理化,如油田装置的销售目录中所列的。但是有些企业家注意数量少、价值高的服务,这些服务花费油气公司大量的预算。通过电子购销服务,可以节约大量资金。

最简单的是通过第三方站点购买服务。在一次典型的交易中,操作者可以注册到一个电子商务站点,利用该站点预先做好的模板,填写作业的参数。关于油藏、井、地层等的相应信息包含在内。在完成了表格填写后(对于复杂的作业可能比较长),操作者选择哪些卖主接收投标要求。

卖主接受投标要求后,利用更多的模板,建立他们的标书,填写价格和设备建议。模板使标书容易意义比较。

操作者接收标书,需要的时候,可以要求更多的信息,并鼓励进一步接触。

利用这样的工作方式,操作者和卖主工作流程更加有效。这表明电子商务为何能够节约资金。

怀疑电子商务的人,担心上述简化的过程不能够展示他们独特的本领,因为他们所依靠的独特技术和研究成果,有时不能够填写在预先做好的模板中。电子商务机构已经考虑到这一点，采用不同补充方式，允许卖主自由地向客户介绍他们的技术。

至少有一个公司——WellBid 公司已经采用类似上述的方式，使服务公司与买方相结合。也至少还有另外一个公司——eNersection.com 计划建立类似的站点，主要进行服务的购销。其它目前只有设备市场的公司，例如，Energy Portal.com，已经有扩展舞台的计划。

WellBid 公司是在 1999 年 10 月开始启动电子商务。在半年时间内，已经有 22 类投标产品和服务，包括固井、油井增产措施、射孔服务等。从 200 个操作者接受了 1800 个投标要求，覆盖了各个类。公司提供专利介绍连接技术，使服务公司能够展示安全记录、案例历史、目录和其它任何他们认为合适的东西。他们还可以分各种地域和类型来展示自己的能力。例如，一个操作者，寻找服务公司在波特河盆地的井执行作业。在 WellBid 公司模板的顶部，有在那盆地执行特定服务的公司名单。操作者敲击这些名字，不必离开 WellBid 公司站点，就可以了解该公司。此外，该站点具备寻找咨询公司的功能。当操作者在一定地区寻找服务时，查询过滤程序，处理咨询公司表格，显示那些在该地区具备相关经验者，以及在必要时间范围的可利用性。咨询公司在 WellBid 站点保存有最新的信息。

eNersection.com 公司与主要的勘探开发公司，在 2000 年 6 月开始一个新的工作模式。他们认为服务购销是电子商务极其重要的方面。对于油气公司，高价值的服务是花费最多资金，而效率又低的地方。公司集中注意买卖工作流程，以及发票交易的途径。许多 eNersection.com 站点的新功能，使服务公司更全面给客户介绍自己。电子商务的优点使操作者更加有效工作,并能够作出有见地的决策。

12.2 应用服务提供者

什么是应用服务提供者?应用服务提供者的英文首字母缩写是 ASP,是指在远程通过 Internet 或私有网络,为多个用户提供和管理软件应用和计算机服务[ASP]。操作者已经发现比较他们自己购买和安装复杂的系统,这样做是非常有效的。利用商业 ASP 既可以节省资金开销,还避免维护和系统升级问题。

研究表明,通过租用 ASP,比较自己购买和管理应用软件,客户可能节约 33%～53%。唯一区别是应用软件由 ASP 在中心服务器运行,而不是运行在最终用户的桌面计算机或用户公司的服务器。

那么,ASP 与 ISP 有区别吗?ISP 是 Internet 服务提供者的英文首字母缩写[ISP],拥有和操作网络服务器,为业务和个人提供网络主页和电子邮件通路服务。ASP 是 ISP 模型的扩充以包括软件程序,从薪水帐册或人力资源模块,到企业资源计划(ERP)成套软件。

ASP 用户不必担心操作系统[operating system]、数据库或应用软件许可证的价格或兼容性。ASP 捆绑租用一般以月费用计算。即使是小的勘探公司,也可以 24h 访问最大的多国公司用的软件。这是一个虚拟工作空间,能够进行在线分析,进行决策。

商业和私有数据拥有者，以及一些地震勘探承包商，欢迎使用这样的站点。隶属于 GeoQuest 公司的 IndigoPool.com 公司（图 12-1）表明，有许多人对 10000 个全球和地区数据集有兴趣，今天的网络是把这些信息放到市场上的理想通道。

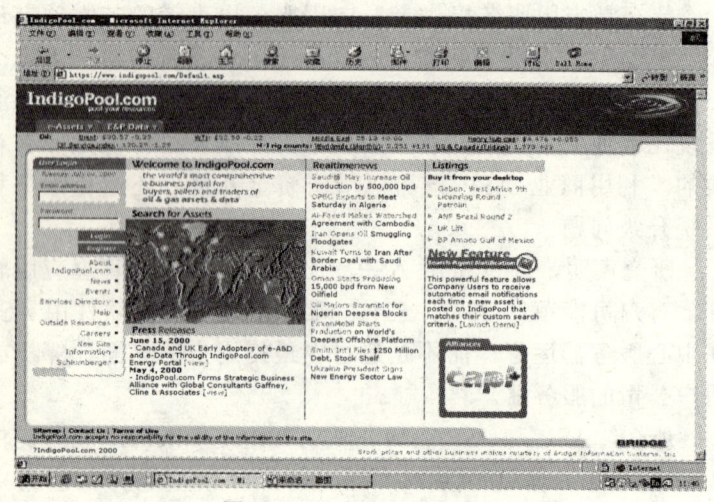

图 12-1　IndigoPool.com 网站

IndigoPool.com 公司为大的油气工业市场，包括休斯敦和卡尔加里，提供 GeoQuest 应用软件和数据服务。十个 GeoQuest 的数据管理中心（DMC），提供砖块和灰泥，支持 ASP 的操作。DMC 具备安全的数据银行、备份，每天 24h 可以被利用。

Applied Terravision 公司也是一个 ASP。该公司提供网络上集成的会计、土地和管理功能，跟踪矿区使用费和税收，以及每口井的开支批准。其 Artesia 系统是企业资源计划整套软件系统。今年还要释放 enVision 软件,这是模块化的、网络上的电子商务工具,包括金融、联合风险投资财务、预算编制和公司计划。

ASP 有不同层次。第一层次使公司可以在任何时间、任何地方存取应用软件。这样可以减低拥有软件的总代价。第二层次,合伙伙伴、客户和供货者可以通过集成的业务过程进行工作。为了进入到第二层次,Applied Terravision 公司与另外一个应用服务提供者 TransZap 公司合作,主持一个称为 Oildex.com 社区,通过安全的网络传输,开展业务对业务工作流连接。TransZap 公司开发了一个称为 PetroXML 的标准标志语言,使得操作者和卖主可以相互传送货单,而不管后端用的什么会计系统。有关 XML 在后面还要讨论。

应用服务提供者 GeoNet Service.com 公司提供中立的、第三方的应用软件仓。在用户注册后,能够找到多达 1700 个油气软件,遍及上游和下游应用,包括地球科学、工程、建筑、市场和会计程序,可以立即选择最适合用程序。有人把 GeoNet 站点称为"软件 mall"(mall 指建在城郊的大规模购物中心),因为提供从地球物理到炼油加工全范围的软件,而他们是中立的经销商,没有自己的商业软件。

应用服务提供者 Novistar 公司提供著名的软件公司 Oracle 的能源上游产品,基于 Internet 网络的开发计划、操作和会计软件,以及采购、人力资源管理和客户关系管理软件。

有些应用服务提供者是数据仓库,操作者可以从中购买数据集,利用电子商务进行实际交易。一个例子是 A2D 公司，提供各种形式的在线数字测井记录。在其 Log-Line 站点，存放了从墨西哥湾、二叠系盆地和落基山地区的测井数据。A2D 公司不仅存储测井数据，还提供地质软件，如 smartSevtion 和 smartRaster，以及数字化服务和数据管理解决方案。从 1986 年开始，A2D 公司还管理着 Texaco 公司的测井数据库 Loglib。Loglib 是以 Oracle 数据库为基础的、客户服务器系统，具有窗口系统接口[Windows]。这是通过企业内部网篮访问。A2D 公司业务发展很快，目前已经有 140 个公司通过 Log-Line 站点捐献公开的数据集，包括陆上超过 25 个月的老资料以及整个墨西哥湾资料。

ASP 市场相对新，但发展快，最终将使工业界业务方式彻底变革。利用 ASP 的优点可以综述如下：

（1）加速市场。ASP 有现成的设备、应用软件和经验，为新公司和联合投资公司提供快速发展信息技术。

（2）自由操作。利用外部应用软件管理，客户可以集中注重力于他们自己核心业务功能的关键资源。

（3）改进性能。信息技术是 ASP 核心能力，因此大多数有经验的人员，用于解决信息技术的高级问题，提高有效性、安全性、备份和帮助服务。

（4）资金灵活性。ASP 模型减少硬件、应用软件和管理的固定投入，降低整体开销。

（5）减少风险。不需要在软件、硬件和信息技术人员花费投资。操作者可以试用新软件，或模拟运行，选择最好的。

（6）产品测试。用户可以测试各种软件包，选择使用最好的。

（7）集成应用。在一个主机场地使用多个应用软件情况下，ASP 可以提供最佳的"中间件"，以便在不同应用软件之间传送数据。

12.3 Internet 工业产权市场

北美勘探展览会（NAPE）证明一个这样的新的业务模式是成功的：当买卖双方聚集一起，机会可能变成实际的金钱。这个概念现在被移到网络上了，这是更有效的聚集，目的是买卖油气工业产权，工作关系以及未开发的地方。

从 1996 年以来，每年交易平均 145 亿美元（不包括特大事件，如 Exxon—Mobil 交易以及 BP—Amoco 合并）。在过去十年间，每年平均 250 项交易成功。在以后两三年内，合并的公司，可能有 400 亿美元的工业产权需要放弃。

很多资产会通过 Internet 公布，买者可以下载各种信息并进行分类评价。这些信息已经正式构成数据库。也许合伙者、资金提供者、保险公司和环境专家，也会感兴趣评价工业产权或处理他们的金融问题。

通过网络收购和放弃工业产权，有许多便利之处，不必雇佣许多人员，节省旅行开支等。有些站点，不止登录要卖通过网络和评价数据。如 PetroleumPlace.com 和 PennNet 提供拍卖，投标者可以实时、在线参加。又如，我们前面提到过的 IndigoPool.com 是 Schlumberger 的站点，连接到了 HIS 集团井的历史数据和 GeoQuest 解释软件。买者可以查看数据，并利用虚拟解释中心技术评价工具。

在 PetriX.com 站点，可以显示美国石油地质家联合会 50

年的档案资料。PetriX.com 还提供电子报表，买者可以从经济角度比较多个工业产权，然后决策。

12.4 电子商务与 XML

油气勘探开发电子商务的首要问题是在如何用 Internet 交换电子商务文档。现在许多机构发现，XML 是进行 Internet 交换信息最佳途径[XML]。XML 是可扩充的标志语言 Extensible Markup Language 的英文首字母缩写，是用于构造信息编码文档的语言。XML 有非常广阔的用途，但是，主要由于可以方便和有效地在 Internet 上交换数据而被广泛重视。XML 是简单的结构化的文本文件，容易由计算机软件识别。

下面是测井曲线（主索引、补偿中子测井、密度、校正曲线、伽马）的 XML 文件例子的一部分。

```
<CurveInformation>
  <Curve mnemonic="DEPT"  unit="F  "  name="DEPT   "  >
    <nullValue>-999.2500</nullValue>
    <curveDescription>Primary Index</curveDescription>
  </Curve>
  <Curve mnemonic="NCNL"  unit="API "  name="NCNL   "  >
    <nullValue>-999.2500</nullValue>
    <curveDescription>Near Cnl Detector Counts</curveDescription>
  </Curve>
  <Curve mnemonic="RHOB"  unit="G/CM "  name="RHOB   "  >
    <nullValue>-999.2500</nullValue>
```

```
    <curveDescription>Bulk Density</curveDescription>
  </Curve>
  <Curve mnemonic="CAL"  unit="INCH  "  name="CAL   " >
    <nullValue>-999.2500</nullValue>
    <curveDescription>Calibration Curve</curveDescription>
  </Curve>
<Curve mnemonic="GR   "  unit="API   "  name="GR    " >
    <nullValue>-999.2500</nullValue>
    <curveDescription>Gamma Ray</curveDescription>
  </Curve>
</CurveInformation>
```

XML 技术包括：可缩放的向量绘图技术，资源定义格式和简单的对象存取技术。把 XML 作为最佳的交换信息的途径，原因是 XML 是由 World Wide Web Consortium(W3C) 定义的标准[World Wide Web]。XML 还提供一种好的方法，在不同应用软件之间移动数据。

XML 影响在不断扩大，也开始在石油界发生影响。工业界可以利用这个新技术，降低维护和交换勘探与生产数据的代价，更容易进行电子商务交易。现在已经有人提出用一种所谓 WellLogML 作为测井数据的可视化格式标准，还有 PetroML（石油数据）、LogGraphicML（记录图件）、Geophysics ML、ProductionML（生产数据）等。

12.5 改进核心业务

当然，勘探开发电子商务不仅是 Internet 交换信息问题。

电子商务的核心问题是用 Internet 技术,改变关键的业务过程。Web(网络)改变着勘探开发的技术分析和经济分析各个方面工作,但是,更重要的是改变勘探开发业务运作。核心业务一旦结合 Internet 技术,将立即呈现其现实际的价值。今天,石油天然气公司都利用 Web 与伙伴通信、连接后端数据系统,和进行商业交易。现有的勘探开发信息技术,加上 Internet 技术,这就是勘探开发电子商务。这种新的 Web+IT 的工作模式,把 Internet 连接到核心业务过程,是一次变革。电子商务将不断增进变革,最大发挥信息技术的潜力。

有人认为,电子商务可以分四个阶段:

(1) 改造核心业务。

(2) 建立灵活的、可扩展的电子商务应用软件。

(3) 在可变规模的、安全的环境中运行电子商务。

(4) 根据在电子商务中获取的信息和知识,不断进行业务调整。

成功的电子商务首先需要识别最适合、最需要电子商务的那些核心业务过程。电子商务不仅仅是在网络上建立一个主页,或电子门面。从商务到电子商务转变,会涉及到业务核心,使运作效率大大提高、花费大大节省,这是因为 internet 降低制造成本和销售价格、拓宽市场,通过调整所有操作和营销通道的活动,满足客户的需求。应该强调电子商务安全措施,包括防止网络黑客[hacker]和计算机病毒[virus]。

12.6 在 线 业 务

在电子商务中,所有业务都是在线的[OLTP],无纸自我服务的 Internet 传输,既快速,又精确和便宜。每个人都是在线的。每个雇员都可以接触到更多的信息,客户、供货商、合作伙伴一起共享最新的信息。问题解决快,库存得到有效控制,销售和市场策略配合更紧密,每个人工作效率都是高的。

电子商务需要一个全球信息管理系统。不仅是建立勘探开发多学科数据银行,而且雇员的费用报告、盈利报告、请求,以及旅行计划,所有都由全球信息管理系统管理。客户登记订货,供货商管理库存和定货的状况,可以最快响应客户的请求。在几分钟里,经理可以知道全球今天有多少订单,全球有多少雇员,并安排他们工作。

电子商务把需求和供货链完全在线。企业间的商务应用软件,例如,客户关系管理,完全在 Internet 上。同样,制造和供应链,金融管理和业务智能系统,公司业务进程管理等也是在线应用。在线应用可以提供更加方便的个人化的环境服务——不管他们在什么地方,什么时候和需要同什么人交往。这样会扩充市场份额,发展与客户更好的归案系。效率和服务,改进产品,产生利润。

Internet 计算是企业计算的新模式。Internet 计算是一次革命。Internet 应用发展迅速,而且运行成本低。信息是分布式的,要求数据统一。随着越来越多的业务应用软件系统在 Internet 上运行,你将面临系统集成问题的挑战,包括遗留系统。企业应用集成不能够建立在所有应用软件和数据均是100%符合 internet 标准这样的假定前提下。

虚拟经营是指企业在组织上突破有形的界限,虽有生产、行销、设计、财务等功能,但企业体内却没有完整的执行这些功能的组织。就是说,企业在有限的资源下,为了取得竞争中的最大优势,仅保留企业中的关键功能,而将其它的功能虚拟化——通过各种方式借助外力进行整合弥补。当然,现在还没有出现虚拟油公司。但是,一个油公司,只保留核心业务,完全可以非常有效运营。

12.7 企业上网

有人认为,电子商务[eBusiness]概念包括三个部分:Intranet、Extranet 和 E-Commerce。目前石油工业最迫切、最现实的是 Intranet 的建设推广。只有先建立良好的 Intranet,建立好比较完善的标准及各种信息基础设施,才能顺利扩展到 Extranet,最后扩展到电子商业 E-Commerce。

电子商务的快速增长,对大小企业都有巨大的影响。网上贸易已经成为企业的新焦点,各行业纷纷结网准备开发网上的巨大市场。

企业上网的过程一般可分为六个阶段。

在第一个阶段,"我们企业也上网了!"。很多企业中市场部门是第一个上网的部门。在上网的初期,很多仅是有选择性地把公司内部某些营销文件及产品资料转变成网页刊登在部门的网址内。因此,这个上网阶段对市场部门或整个企业来说都是相对地容易的,所需技术水平亦不高,市场部门亦毋须要求企业内的其他部门协助。事实上,在这个阶段只是利用 Internet 这个新媒体传递企业的市场讯息,企业仍然沿用旧有的市场策略及企业架构。网页上只有产品信息,没有搜索引擎,不能够直接与公司人员沟通,不能够连接到公司股市当前价格。

在第二个阶段,"结构化网址"。各方面对企业网页的要求日渐提高。企业雇员、合作伙伴、供货商和顾客,开始利用联网读取企业数据库信息。在这阶段,对数据检索、浏览、更新,对数据共享,要求日渐提高。在到达第二个阶段后,企业的网站将可就不同用户的需要,有了正式的构造,使用思索引擎和关键字,查看公司所有信息,在公司内部交换信息,提供不同的资讯服务。

第三个阶段,"初试电子商务"。公司开始卖信息和产品服务。但是系统没有连接到企业的内部网实际数据库,没有相应的后端系统。花费既大,又不安全。

第四个阶段,"做电子商务",建立企业信息门户。企业信息门户的价值在于能够存放企业内部和外部的各种信息,为员工、合作伙伴和顾客提供同一的信息渠道和个性化的服务。这个同一的渠道就是浏览器(IE 或 Netscape)。这样的门户,对内管理和查询日常业务公共平台,对外是企业的网点。网址使用安全协议在公司与客户、厂家间传送数据。可以节约资金,在线业务获取利润。在这一个阶段,企业可把储存于数据库的资料输入所谓"数据挖掘系统"(Witten,1999)。这样的系统利用统计学上的原理以及人工智能的技巧,进行综合计算及分析,从而推导出对管理人员有用的知识,它可直接帮助管理人员决策。

第五个阶段,"普遍深入的电子商务"。利用包含芯片的任何设备(便携式电话、小汽车等),连接到你的数据,传送电子商务信息。

第六阶段,"一个世界,一个计算机"。所有的基于芯片的设备连接为一个巨大的信息系统。设备间以面向对象方式交换任何信息，对这些设备应用是透明的，用户不知道问题的答案来自何处。

12.8 远程应用服务

我们前面讨论过应用服务供应者。未来会出现远程地震数据分析或油藏模拟服务的应用服务供应商。几年前，原中国石油天然气总公司勘探局，曾经对建立中国油气勘探软件系统提出过全面的设想，希望做到：不管是什么人，不管在什么地方，不管做什么工作，不管需要与什么人讨论工作和设计，都可以利用面前的计算机工作站。这在当时似乎是遥远的未来的事情。但是，理想正在变成现实。例如，Paradigm公司最近提出了基于网络的地学应用系统 e-GeoScience。网络版本的应用软件包括：测井资料管理、分析、模拟、岩石物理系统 GeoLog，可以在现场（如钻井现场）访问数据库；GeoLog ASP 可以通过网络进行应用服务；地震处理系统 Focus，网络接口可以远距离建立作业、提交作业和管理作业执行；深度域地震成像系统 GeoDepth，可以远距离协同工作、建立模型、质量控制和验证模型。Mercury 国际技术公司提出 Internet 交互处理概念：全球访问（可以是便携机，或超级计算机），可以租用各种软件或硬件能力，只交使用费。

远程应用服务，要求下一代的石油计算机应用软件系统的体系结构，采用多层次结构。例如，建立 INTERNET 地震数据处理系统，采用多层次的地震作业控制系统（图 12-2），即：

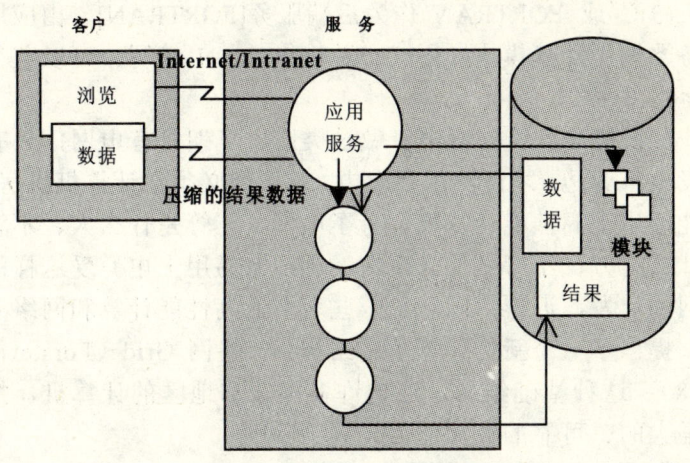

图 12-2 Internet 地震处理系统

(1)前端客户用 JAVA 语言编写[JAVA]。这样的语言适合编写图形用户界面客户，并可以在任何地方、任何计算机运行。前端客户的模块主要有两个：其一，信息浏览器/流程建造器模块，构造和管理（执行、中断和停止）工作流；其二，数据显示器，显示地震剖面、速度模型、道集以及相似性数据集合等，并且允许直接数据互动，如拾取，建立速度模型和编辑操作。利用 Java 图形子系统应用编程接口，容易实现这些模块。

(2)应用服务器，前端客户连应用服务器[Client/Server]，可以 HTTP 作为运载工具，XML 作为信息内容。应用服务器也是用 Java 编写的。因为 Java 是针对网络应用设计的，具有安全性和并行分布式处理的能力。这两方面对地球物理应用都是重要的。

(3)C 或 FORTRAN 作为后端服务[FORTRAN]。由应用服务器调用计算模块，用 C 或 FORTRAN 编写，可以获得高运行效率。

有人把计算机与发电机做过类比。早期没有电网，只有在发电机旁边，才能够用得上电。这正像必须在计算机机房，才能够用上高性能计算机。有了电网，不管是什么人、不管在什么地方、不管做什么事情，都很容易用上电。受这样的电网的启发，近年，国际上一些著名的高性能计算和网络专家，提出了一个新的计算基础结构——格网 Grid（Forster，1998）。这种基础结构，连接许多国家和地区的计算机，提供强大的、可靠的计算能力。

格网可以适合五种类型应用：

(1)分布式超级计算。用于解一个非常大型的问题。

(2)高吞吐力计算。用于解很多小任务。

(3)及时响应。满足对于峰值计算的需求。

(4)协同工作。用格网连接人员。

(5)数据密集型计算。用格网耦合分布式数据资源。

应该说，这样的基础结构，对于未来的油气勘探开发计算机应用会产生非常深刻的影响。

另外，大家都知道，我们在勘探开发上投入大量资金是用于采集数据和获取信息。例如，地球物理勘探的投资，换取的是大量的记录在磁带上的地震数据。数据、信息是石油工业最宝贵的资产。我们在前面讨论过石油数据银行。这样的名称就意味着石油数据的价值。

建立油气勘探开发计算格网和石油数据银行是发展数字化勘探开发的基础设施。这方面的软件开发和基于"软件代理技术"的石油勘探开发计算格网研究方面，已经取得重要成果。我们在本书中反复强调的把计算机技术应用到勘探开发全过程，以及勘探开发数据共享，把数据特别是地震数据，应用到勘探开发全过程，也有赖于发展油气勘探开发计算格网和石油数据银行的基础设施。

最后，顺便指出，关于工业电子商务的概念、技术和实现途径，国内外信息技术界还正在探讨中。特别是我们这里介绍的石油工业电子商务，大多数是国外最近一年的情况。2000年7月由中国工业联合会与中国石油学会联合主办，上海谷元石油软件工程中心有限公司承办的《传统工业与网络经济——电子商务在石油石化系统中的应用前景研讨会》的召开，表明国内也已经开始探索石油工业电子商务的全新的思维理念和运作方式、解决方案和基础设施。中国石化电子商务网从8月15日正式开通到11月12日，3个月内成交14.2亿元，其中石化产品销售10.6亿元，物资采购金额3.6亿元。这仅仅是开端，据称，预计实现网上交易后，每年物资采购和成品油销售成交额，应该分别都在100亿元以上。

13 勘探开发信息系统建设

本书前面讨论了数字化勘探开发有关技术。近年来，国内外都在努力用数字化技术改造传统的石油工业。其中，特别重要的措施是建设勘探开发信息系统。勘探开发信息系统已经成为跨国经营的大石油公司的必须具备的基本条件。这样的系统为地质家、地球物理学家、工程师以及经营管理者提供适应信息革命时代的、全新的工作环境，可以方便地综合使用不同学科的数据，提高勘探开发的效率和效益。勘探开发信息系统建设是一个系统工程，其主要步骤如图13-1所示。

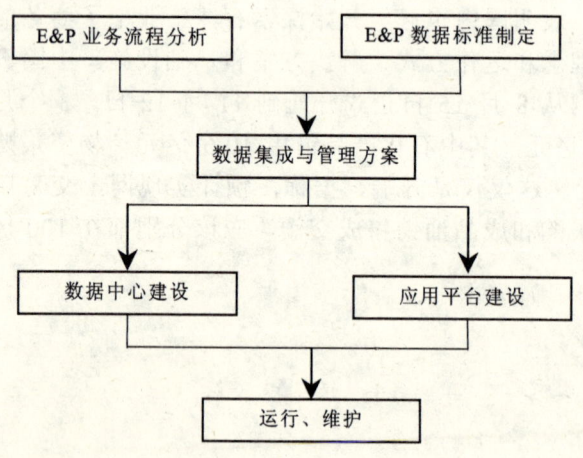

图13-1　勘探开发信息系统建设主要任务环节示意图

13.1 业务流程分析

勘探开发信息系统建设，应从分析石油勘探开发的业务流程开始，在分析过程中发现对信息管理的需求。业务流程分析围绕着对典型的应用案例进行的，其中包括：输入的数据、处理的过程和产生的结果等。在分析的基础上，确定勘探开发信息系统的典型信息流程。例如图13-2是一个勘探过程对数据利用示意图。勘探过程中，从采集数据、选择数据、解释数据，到经济分析和准备最终报告，都存在有效管理和利用数据的问题。

13.2 勘探开发数据标准的制定

勘探开发数据标准的制定，是信息系统建设中的非常重要的步骤。勘探开发数据标准的制定工作，需要与业务流程分析同步进行。

制定数据标准，主要包括如下工作：

(1)研究现有的数据技术标准，并与国际标准进行比较。这里，特别需要注意数据模型的标准。目前国外在勘探开发数据模型标准方面，虽然大多数倾向于顺应国际石油技术软件协会的POSC的标准，但都是有选择性的顺应。POSC的ＥＰＩＣＥＮＴＲＥ（勘探开发中心数据模型）涵盖了石油工业上游勘探开发全部领域，具有重要的参考和使用价值(图13-3)。

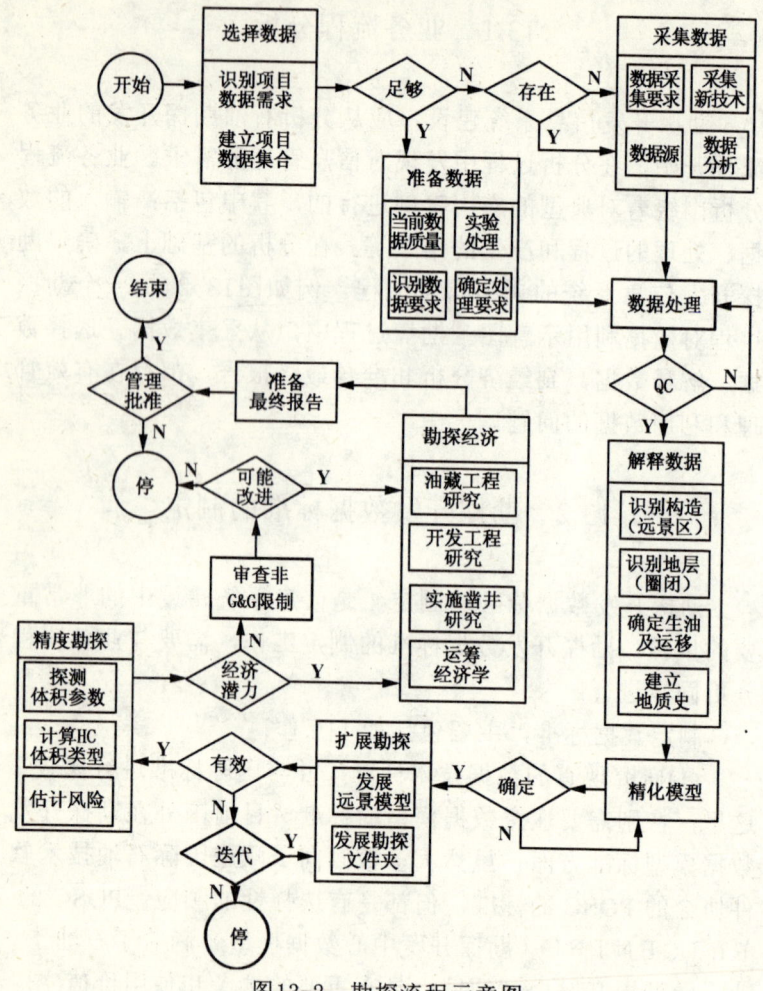

图13-2 勘探流程示意图

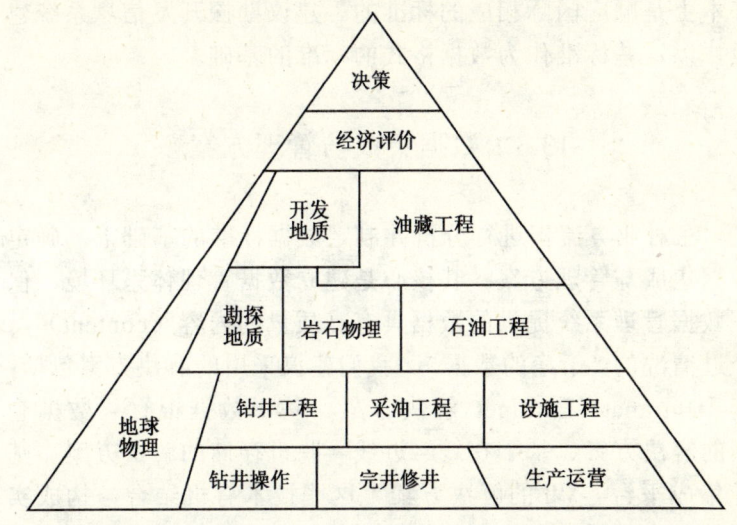

图 13-3 POSC EPICENTRE 勘探开发中心数据模型

(2)研究支持多种不同数据模型的数据集成技术标准问题。随着 B2B 电子商务的发展,对多种不同数据模型的应用环境需求,更加迫切。目前被普遍认可的电子信息交换标准是 XML,它包括三个相互联系的标准:XML 可扩展的标志语言; XSL 可扩展的式样语言;XLL 可扩展的链接语言。

有关石油工业界的 XML 标准,应该特别提到的是,美国石油学会(API)的电子数据交换委员会(PIDX),已经建立了一个小组,扩充石油工业数据词典(PIDX),以包含 XML 的定义(标志、属性、句法)。

(3)确定勘探开发主要数据格式的标准。勘探开发各种数据格式,石油工业界已经制定了相应的标准。这些标准,基本上是顺应国际相应的标准的。建议勘探开发信息系统建设，以这些标准作为数据格式的标准的基础。

13.3 数据集成与管理方案

在对业务流程进行分析并制定数据标准的基础上，确定数据集成与管理方案。其核心是建立数据管理体系环境，保证数据管理系统提供的数据具有高质量的内容（content），经过清洗的"干净的数据"。我们建议采用的解决方案包括：基于Intranet—Extranet 解决方案、基于数据银行—数据仓库的解决方案、基于在线—近线—脱机存储的解决方案、基于集成平台—XML的解决方案。这些技术有机结合，构成实用的、先进的、可扩充的信息系统。

（1）确定基于Intranet-Extranet的解决方案。

Intranet连接。把以下系统成分通过Intranet连接一起：勘探开发数据管理中心（数据银行和数据仓库等）；勘探开发数据应用工具（查询检索、报表生成、工业制图等现有的和新配置的应用工具）；各种专业应用平台（现有的和新配置的各种应用软件，如国外的Landmark Graphics和Schlumberger Geoquest的应用软件，国内的地球软件公司和石油勘探开发科学研究院等的应用软件）之间的连接方案。

Extranet连接。企业外部客户和合作伙伴，可以通过标准浏览器（如，Internet Explorer、Netscape等）访问勘探开发管理数据中心并交换信息的连接方式。

（2）确定基于数据银行—数据仓库的解决方案。

数据银行是指具有：一体化、综合的数据模型；一体化数据管理和维护设施；一体化应用服务基础设施；支持上述成分的计算机通信基础设施。数据银行可以划分不同层次，例如，勘探生产数据总行（或总库），油田分行（分库）。总库实现企业集成数据模型、对数据进行协调、对集成数据进行物理存储、建立勘探开发业务信息指南。子库中内容，应该在总库中存有索引。

数据仓库是"面向主题"的。可以就专门专业领域，或按照专门的应用和决策需要，建立专门的数据仓库，例如，地震库、测井库、生产信息库、物理介质库等。

（3）在线存储—近线存储—脱机存储解决方案。

为了提供一个经济、高效和科学的数据管理环境。勘探开发数据采用多级数据存储。

在线或联机存储（on-line）：主要存储综合性的全局数据或索引数据、频繁使用或更新的数据。物理存储采用网络在线的磁盘阵列（例如，STK9175,可以存放达 3.6 TB数据）。

近线或近机存储（near-line）：大块数据体（地震、测井、图件等）、存档数据（项目档案、历史数据资料等）、系统和用户备份的资料等，数据量非常大，访问频率和时间要求较低。物理存储实现采用联机的自动磁带库（例如，STK9740,可以存放达 105 TB数据）。但提供一个集成的统一的索引机制。

脱机存储（off-line）：对于不经常使用的数据，可以脱机存放。另外，可以建立统一规范的原始资料和实物的存储目录，对原始资料和实物（如岩心）的管理。

（4）基于集成平台—XML的解决方案

面向应用集成平台：应用项目数据库可以是某专业应用软件平台的数据库，与数据银行之间，可以通过实现"面向记录包装"和"XML包装"的项目构造器集成。项目数据库（局部综合数据），还可以是一个根据特定勘探开发项目的要求建立的数据集市（Data Mart）。它的作用是根据勘探开发项目分析主题的要求从勘探开发数据仓库（全局数据仓库）中抽取数据，为分析处理工具和应用建立分析模型，存储项目数据。

面向XML解决方案：数据银行与外部客户、合作伙伴之间，可以通过基于XML的B2B集成服务器集成。我们认为，开放的、基于XML技术的数据集成方法灵活、可扩展性强，是发展的方向，可以为勘探与生产分公司提供良好数据集成和管理手段。

13.4 数据中心的建设

建立数据中心的建设是勘探开发信息系统建设的中心环节，其主要目的是：

(1)保护油公司的油气勘探生产资源；
(2)提高数据的可存取性；
(3)有利于增加与数据相关的增值服务。

勘探开发数据中心的建设，包含如下主要任务：

（1）确定数据中心的布局。

首先，需要确定数据中心的合理的布局方案，合理分布数据中心。数据管理中心，可以按照需要建立数据银行或数据仓库。然后,根据布局需要,统一调整每个中心的硬件设施配置。

(2) 数据管理软件系统的建立。

另一个至关重要的问题是建立数据中心的数据库管理系统。通常在数据中心建立主数据库系统,采用 ORACLE 数据管理系统。而下属单位建立各自的数据库系统(分数据库系统),主数据库系统与分数据库系统通过 Client/Server 方式进行连通。不同数据中心可以通过 Server/Server 的方式进行连通,但数据中心的主数据库系统采用标准的数据模型。

(3) 数据加载和录入。

当数据中心的数据库系统建立完成时,选定有效的数据加载工具,使得数据中心的管理人员能够将来自不同数据源的数据加载到数据中心,完成存储和管理油公司勘探开发所有的数据。被加载的数据可能来自不同的数据源,可能是以文件的方式存在于异构操作系统,或是异构的数据库管理系统中。

(4) 数据质量控制。

为确保加载到数据中心数据正确性、完整性和可靠性,在加载数据时,必须进行质量监督和控制,我们使用几种办法进行数据质量监督和控制,例如:

图形显示的方式控制数据的质量;利用数据模型的内部约束控制机制(如,POSC Epicentre);边界条件和人工干预。

(5) 数据转换和迁移。

通常情况下,原有的一些数据以不同的格式存放在不同的数据管理系统(例如:dBase 数据库系统、FoxPro 数据库系统、SQLServer、Oracle）或文件系统等之中，一些数据是脱机存放（例如：存放在纸张、胶片、磁带或光盘上）。当这些数据进入数据中心时，需要进行数据重新格式转换和数据迁移，并保证数据和信息不丢失。

（6）建立数据安全机制。

在建设数据中心时，安全性是考核数据中心优劣的一项重要指标，是保障合法用户利益不被侵害的基础。在我们提及的数据中心中，采取了合理的安全保障措施，主要有：

①通过数据所有权的验证机制，保证用户数据的安全性。系统采用的安全机制基于最小特权原则，认为用户应该仅有完成他的任务所必需的特权。用户首先必须通过网络内部的防火墙，确定该用户为合法用户，且在访问数据库之前，必须被识别与验证，确定他是否具有对数据库的访问权利。通过上述验证的用户，在经过信息安全机制的验证时，进一步确定用户记录级的访问权限，并根据访问权限将数据呈现给用户。对于用户没有权限访问的数据记录，具有透明性，真正实现了数据的保护。

②通过授权机制，实现用户数据的共享。在数据中心中，数据的共享是最基本的要求。而数据的共享与安全又是相互矛盾的事物。信息通过独有的权限验证和授权机制，有效的解决了二者之间的矛盾。在用户数据的私有权利得到保障的情况下，具有至高权力的管理员，可以将用户的私有数据的操作权限授予其他用户，但得到此操作权限的用户又无法将此权利转移给第三人，这样的授权机制真正的实现了数据安全与共享的统一，为最大限度的发挥数据中心的作用创造了条件。

（7）远程数据维护。

数据中心提供一套机制，允许合法的授权用户从远程对数据进行异地维护和管理。

13.5 用平台建设

数据只有在使用中才显现出真正的价值。应用平台的建设，与数据中心的建设必须同步进行。勘探开发数据平台的建设包括如下工作：

(1)可视化的浏览、检索应用工具。

①基于 GIS 的导航查询；

②基于模板的查询；

③地理信息关联查询；

④模糊查询；

⑤智能数据推拉。

(2)可视化的报表生成、制作工具。

①交互制作报表模板；

②Drag Drop 方式制表；

③多种输出方式（文字、图象、曲线）；

④多数据库表关联；

⑤动态实时报表。

(3)可视化的工业制图（地质、地理、管理图件）工具。

①位图与矢量图混排；

②快速、灵活的合成与编辑；

③人机交互半自动化矢量化；

④工业标准图例。

(4)应用连接项目构造器。

①面向记录的数据包装下载、加载;

②面向 XML 的数据包装下载、加载。

(5)网络环境下基于 XML 集成服务器的数据与软件应用服务平台（图 13-4）。

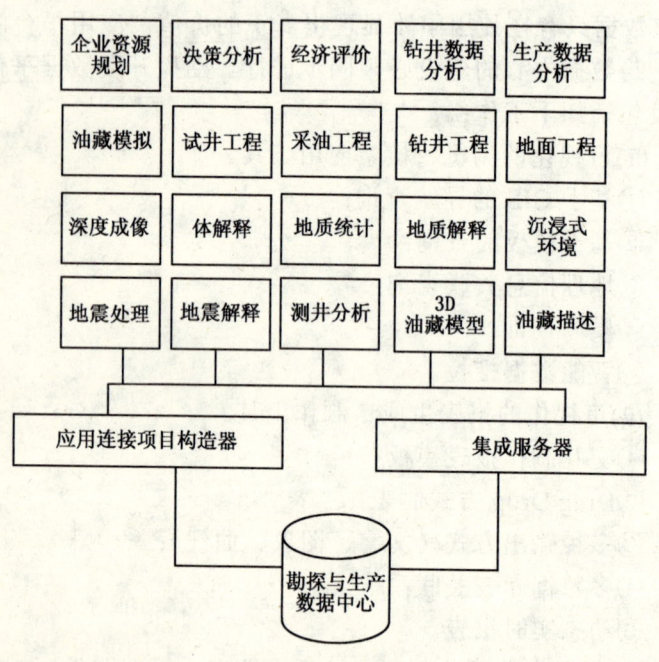

图 13-4　网络应用环境下应用连接示意图

①数据 ASP 中心;

②勘探开发应用 ASP 中心。

13.6 运行维护

勘探开发信息系统建立之后,需要进行一系列的运行维护工作,这些工作包括:培训工作、技术支持、本地化、功能扩充等。

14 数字油藏

江泽民主席于 1998 年 6 月 1 日在中国科学院第九次院士大会和中国工程院第四次院士大会上指出:"前几年提出了'信息高速公路',随后又提出'知识经济',最近美国副总统戈尔又提出了'数字地球'的概念。真是日新月异啊!"

"数字地球"是戈尔最先提出的创意。1998 年 1 月 31 日,戈尔在美国加利福尼亚科学中心发表了题为《数字地球:认识 21 世纪我们这个星球》的讲演,提出了"数字地球"概念。戈尔指出:我们需要一个"数字地球",一个可以嵌入海量数据的、多分辨率的、真实地球的三维表示。他还认为,"数字地球"所需要的技术涉及到以下几个方面:以建模与数字模拟为特征的计算科学、海量储存技术、高分辨率(1m 分辨率)的卫星图像技术、每秒传送一百万兆比特数据的宽带网络、互操作规范、元数据标准以及卫星图像的自动解译、多源数据的融合和智能代理等。戈尔认为"数字地球"潜在的应用会远远超出我们的想象力,他认为如果看看现今主要由工业界和其它一些公共领导机构驱动的地理信息系统和遥感数据的应用,就可以从中对"数字地球"的种种可能应用有一个概貌,如指导仿真外交、打击犯罪、保护生态多样性、预报气候变化和提高农业生产率等方面。

戈尔关于"数字地球"的这些观点引起了世界各国的高度重视。首先,应用"数字地球"可以更加好地了解环境和环境的过程,可以改进涉及自然资源的工作,从而受益于人类。其次,"数字地球"促进观测能力、计算和通信能力、数据表示和管理能力的发展。第三,地学空间信息和服务市场需求。

那么究竟什么是"数字地球"呢?在 1998 年 6 月 23~24 日,美国宇航局和地质调查局等 15 个单位 45 人参加的美国第一次"数字地球"研讨会上对于"数字地球"提出了一个非正式但是被广泛认可的定义:"数字地球"是我们星球的真实表示,使得人们可以体验和使用收集到的关于地球的巨量的自然、文化和历史数据。数学地球包含数据接口和标准,使得可以存取用户感兴趣的与地理坐标有关的遥感、制图学、人口统计学、医学和其它数据。

我们的星球可以看成是一综合集成的系统。这个系统包括:固体地球(从地核到地壳)、海洋(以及其它大的水体)、大气(特别是对流层)、电离层(空间气象)、生物圈(包括人类)、低温层(特别是极地区域)等等。显然,对于这样的系统,需要大规模、分布式数据和处理,需要数据和系统完全互操作性,基于模型的可规模化和可扩充性,动态的模拟能力,全四维能力,直觉的用户友好的界面,可以通用的存取信息能力。

数字地球需要全四维的物理进程模型,时间是连续独立的变量,计算密集(需要有限元或统计机制),空间从分子到全球,时间从毫秒到百万年。对于地球的研究需要不同的细节,全球预测模拟使用的精度在 40~200km 范围,在地球同步轨道大气特征测量分辨率为 10km,在地球同步轨道气象卫星地球图象分辨率为 1km,地球资源卫星图象分辨率为30m，某些地球资源卫星分辨率达到了1m。有人说，"所有计算可以归结为分类搜索"。数字地球的数据分类和搜索有特殊问题，包括对象模型、用户查询模型以及安全和存取模型，而且提交的数据是增量式、变分辨率的。

数字地球按其功能体现可分为以下三类：科学和工业探索型数字地球系统、工业和社会管理型数字地球系统、教育和大众娱乐型数字地球系统。目前兴起的用于资源调查、能源勘探开采等的数字海洋、数字油田、数字矿山和数字煤田，都属于科学和工业探索型数字地球系统。

数字油藏技术开发领域包括：

（1）交互可视化、显示、导航通过浸入式或非浸入式环境；

（2）高性能计算技术，获取信息和建立模型模拟；

（3）存取和实时存取非常大的、多分辨率的数据集；

（4）融合不同来源的数据；

（5）卫星和陆地数据网络高数据传输率、高交互作用和协同工作；

（6）存取不同地理—空间数据的互操作性标准。

下面就其中几个相关问题进行简要讨论。

14.1 数据管理问题

数字地球和数字油藏，均涉及大数据集数据管理问题，如卫星气象数据和卫星图象数据，每年都是几十到几百万亿字节（TB）。在地震勘探中，一个大约 $25km^2$ 的三维地震数据体，需要存储和处理 500~1000 亿字节的数据。近年三维采集的规模逐渐加大，一个大型勘探项目要覆盖 100 个区块的三维地震,产生 10^{13} 字节数据。在数字油藏中,综合 AVO 技术、测井资料和生产数据,使数据规模变得更加庞大。另外,还要考虑:数据访问中的知识产权和私有性;数据互操作中的类型繁杂和格式不统一;数据融合中的变量间的依赖关系、不同尺度和分辨力以及不确定性的传播等。

数字油藏用于决策处理,需要建立空间数据仓库。数据仓库的正式定义是 W.H.Inmon 提出的:一个数据仓库是面向主题的、集成的、时间变化的、非易挥发的数据聚集,用于支持管理决策。空间数据仓库的信息集成方案,它有四个特点:

(1) 面向主题。与传统数据库面向应用进行数据组织的特点相对应,空间数据仓库中的数据是面向主题进行数据组织的。它在较高层次上将勘探与生产信息系统中的数据进行综合、归类,并加以抽象地分析利用。

(2) 集成的数据。空间数据仓库的数据是从原有的数据库或数据银行数据中抽取来的。因此在数据进入空间数据仓库之前,必然要经过统一与综合,包括消除源数据中的不一致性和进行数据综合计算。

(3) 数据是非易挥发的。空间数据仓库中的数据主要供决策分析之用,所涉及的数据操作主要是数据查询,一般情况下并不进行修改操作。空间数据仓库的数据反映的是一段相当长的时间内的数据内容,是不同时间的空间数据库快照的集合和基于这些快照进行统计、综合和重组导出的数据,而不是联机处理的数据。空间数据库中进行联机处理的数据经过集成输入到空间数据仓库中,一旦空间数据仓库存放的数据已经超过空间数据仓库的数据存储期限,这些数据将从空间数据仓库中删去。

（4）数据是随时间不断变化的。空间数据仓库的数据是随时间的变化不断变化的，它会不断增加新的数据内容，不断删去旧的数据内容，不断对数据按时间段进行综合。

空间数据仓库用于支撑空间决策支持系统，它由四大部分组成（图 14-1）：数据源、空间数据仓库数据抽取软件、空间数据仓库信息存储系统、空间数据仓库分析工具。

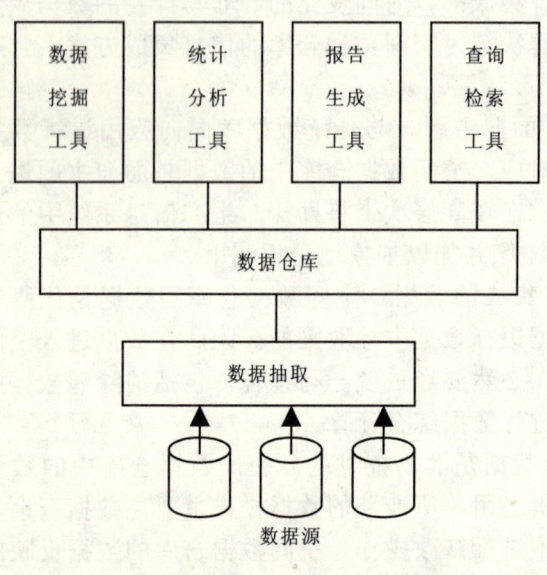

图 14-1　数据仓库示意图

14.2　虚拟现实可视化问题

在可视化方面，应该建立数字油藏的门户（提供信息和目录服务）以及两种客户环境：高级客户（存取数字油藏门户，利用前沿的方法和技术显示数字油藏数据）和基于网络的数字油藏客户（存取数字油藏门户，利用 WWW 浏览器显示数字油藏数据）。需要解决的问题包括：共享的、浸入式的三维和四维的环境，连续可变的分辨率，实时数据输入的迭代模型，对多个数据集/模型输出的比较，不确定性的直觉的表示。所有的可视化是围绕着模型的概念———一种表示数据的理论框架。数据油藏参考模型需要足够表示不同类型的可以同时显示的数据。参考模型可以结合新技术、数据和标准。

关于浸入式的环境，可以仿照戈尔在前面提到的讲演中描述的情景，设想一个勘探工作者，戴上头盔后，看到面前的高山，盆地，随后是勘探区，地震测线，钻井井位等。他还可以进入地下，控制显示的透明度，看到地层的层位，断层，用手触摸虚拟的场景。同时可以把他自己收集的该油藏数据，放到数据仓库中。还可以设想一个油田开发工程师在这样的虚拟场景中布置井位，对油层射孔，看到地下油、气、水渗流情况以及地面生产情况。

浸入式可视化，也称为虚拟现实(Virtual Reality)是近年来发展迅速的综合集成技术，涉及计算机图形学、人机交互技术、传感技术、人工智能等领域。浸入式可视化用计算机生成逼真的三维视、听、嗅觉等感觉，使人作为参与者通过适当装置，自然地对虚拟世界进行体验和交互作用（图14-2）。用户可以通过人的自然技能与这个环境交互。自然技能是指人的头部转动、眼动、手势等其他人体的动作。虚拟现实往往要借助于一些三维设备和传感设备来完成交互操作。近年来，VR 已逐渐从实验室的研究项目走向实际应用。目前国外已经应用于地球物理勘探中。

图 14-2 数字地球的用户界面

14.3 信息集成问题

数字油藏具备空间性、数字性和集成性三者的融合统一，形成了它与其他信息系统的根本区别。有人把"数字油藏"看作一个综合信息系统，就是把油藏的地面信息和地下信息都综合起来，所以可以叫做信息油藏，这种信息用数字来表达，所以叫做"数字油藏"。"数字油藏"是一个综合信息系统工程，包括了信息的获取、传输、处理和应用的全过程；"数字油藏"的提法通俗，并不很确切，因为数据或数字、信息、知识是不同的概念，我们所获取的信息，也并不都是数字的,从技术和学术上讲,信息集成是主要特征。

数字油藏的数据具有无边无缝的分布式数据层结构,包括多源、多比例尺、多分辨率的、历史和现时的、矢量格式和栅格格式的数据。数字油藏以图象、图形、图表、文本报告等形式提供服务。

用户可以以多种方式从数字油藏中获取信息;任何一个授权了的用户都可以实时调用,无论数据提供者是谁,也无论数据在什么地方;国际互联网上的用户可以根据自己的权限查询数字油藏中的信息;运用具有传感器功能的特制数据手套,还可以对数字油藏进行各类可视化操作。

我们在本书前面已经对信息技术发展,对油气勘探与生产数字化、信息化的影响进行了广泛的讨论。这些技术的进一步发展,有助于建立"数字油藏"。

附录A　计算机技术若干术语与概念

access（存取）。从计算机存储设备检索信息或向计算机存储设备存储信息的过程；从存储器获得数据或向存储器存放数据的过程。

address（地址，寻址）。地址（名词）：（1）标号、名字或编号，用以标识信息存放在计算机里什么地方。在计算机存储器中的每个位置，用一个地址标识，使得计算机得以寻找到特定数据项的位置。（2）计算机指令中的操作数的部分。寻址（动词）：访问一个存储位置，以便提取数据或存放数据。

agent（软件代理，智能体）。主动代表用户工作的一段程序。

algorithm（算法）。（1）一个序列指令，表示如何解一个具体问题。（2）具体的一步一步过程，用来获得一定的结果。

analog（模拟量）。用物理变量方法表示数值（与数字对比）。

applet（小应用程序）。一种在支持Java的Web浏览器环境中运行的Java程序。

AI(artificial intelligence)（人工智能）。（1）计算机科学的研究领域，人工智能涉及开发计算机能够类似人的思维过程，如学习、推理和自我校正。（2）关于改进机器，以便具备被认为某些一般只有人类智能才有的能力,如学习、自适应、自我校正等。通过利用计算机扩充人的智能,正如过去通过利用机械工具扩充体力。(3)在严格意义下,研究更有效利用计算机改进程序设计技术。

array processor(*数组处理机,阵列处理机*)。特别快速处理机(计算机),极其适合用于迭代算法如矩阵和信号处理操作,作为高效的协处理机使用。

ASCII 。信息交换美国标准代码,用二进制数表示字母数字符号。

assembler(*汇编程序*)。一个计算机程序,把程序员写的符号代码程序,转换为计算机能够"理解"的机器语言。

assembly language(*汇编语言*)。一种计算机编程语言,用这种语言,一个汇编语言语句转换为一个机器语言指令。比较高级语言,一个语言语句通常转换为多个机器语言指令。

ASP(*应用服务提供者*)。提供宿主应用软件,公司可以在远程访问。

ATM(*异步传输方式*)。在 ATM 方式下,多种类型通信(音频、视频、数据),均按照固定的单元搬运(而不是像以太网和 FDDI 技术按照长度随机的"包"移动)。这样可以实现高速。

audit(*审计*)。检查在数据处理环境中数据的有效性和精度的操作。

back-end processor(*后端处理器*)。(1)一种完成特殊任务的从属处理器,如提供快速访问数据库,解脱主机做其它工作,这样的任务称为后端,因为它从属计算机的主功能。

（2）一种用于控制从另外计算机传送来的数据的处理器，如专用视频显示器上根据主处理器命令进行图像着色的高速图形处理器。

BASIC（初学者通用符号指令码）。 非常简单的解释型高级编程语言，具有简单明了的结构和方便的人机对话方式，使普通人可以编写计算机应用程序。编程人员既不必使用令人头痛的机器代码和汇编语言，也不必搞懂编译和链接命令，可以轻松在机器上边编程边调试，直到获得满意的程序为止。目前 BASIC 正在被功能更强大的 C 语言所取代。

bit（binary digit）（位，二进制数字的简称）。 位在计算机中用两个状态设备表示，如双稳态触发器或磁化点。一个位是计算机中能够存放的最小信息单位。

browser（浏览器）。 一种类型计算机软件，允许用户在 internet 上观察选择的私有的和公共的文件或数据集。

byte（字节）。 （1）计算机存储器单位。可以单独寻址的最小的一组位。（2）数据表示的单位，例如，用 8 位的字节表示数据（一个 8 位字节，适合存储器的一个字节），每个字节对应数据的一个字符。

C 。 （1）一种高级的面向问题的程序设计语言。（2）由 Bell 实验室发明的高级语言。1971 年 AT&T 公司的 Bell 实验室 Dennis Richie 和他的同事首先开发，并在 1973 年用 C 语言重新写了 UNIX 操作系统。C 语言允许产生机器代码、说明数据类型、定义数据结构，其简洁的形式、强大的功能、较高的运行效率和控制硬件的能力，得到了广大程序员的欢迎。

C++ 。 一种面向对象的程序设计语言。C++是 1985 年由 AT&T 公司的 Bell 实验室的 Bjame Stroustup 博士开发的。它实际上兼容 C，是 C 的超集。它除了在非面向对象方面对 C 语言进行改进外，更重要的是在面向对象方面进行扩充。如类与对象定义、对象继承、函数名重载等。正是这些面向对象的特性，使 C++在 20 世纪 90 年代成为最受欢迎的程序设计语言之一。

CAD（computer-aided design）（计算机辅助设计）。利用以计算机为基础的系统，帮助设计电子线路、工业机器零件等。

central processor（中央处理机）。计算机中包含运算逻辑和控制能力的部分。

cell（单元）。存储器中用于存放一个单位信息或数据元素。

CGM（绘图元文件）。CGM 是 Computer Graphics Metafile 的英文首字母缩写。自从 1987 年以来，被作为向量绘图以及向量、光栅组合绘图的国际标准（ISO8632:1992）。

channel（通道）。（1）指计算机中连接它和外围设备的部分。计算机和外围设备的所有通信通过通道。（2）能够传送信号携带数据的通路。

character（字符）。计算机能够存储和处理的任何符号。

chip（芯片）。小的集成微电子电路组件，包含许多逻辑单元，嵌入在面积小于 $1in^2$ 的底座微电路中，一般执行逻辑功能。

Client/Server（客户/服务器）。客户机/服务器是在 20 世纪 90 年代早期出现流行的体系结构。该结构充分利用分布智能，将客户机和服务器都视为智能、可编程的设备，将前端客户机和后端服务器的应用程序分开处理。客户机是完整独立的计算机，可以为用户提供运行应用程序各种功能和能力。服务器可以是个人计算机、小型计算机或大型计算机，提供数据管理、客户机信息共享、复杂网络管理和安全功能。目前客户机/服务器，正在从两层次体系结构，走向多层次体系结构。多层次体系结构满足可伸缩性和 Internet/Intranet 要求。

computer（**计算机**）。能够接收信息，把规定的程序应用于信息，并提供这些程序运行结果的机器。

COBOL（**公共面向商务语言**）。Common Business Oriented Language 的英语首字母缩写，在大型商业数据处理系统中广泛应用的编程语言。在 1959～1961 年期间，由美国国防部牵头组织，多家厂商与用户参加的 CODASYL（数据系统语言会议）为 COBOL 开发奠定了基础。在概念上与 FORTRAN 相似，但是，COBOL 用类似英语语法编写程序，具有非常好的可读性。与 FORTRAN 比较适合科学技术计算比较，COBOL 更适合简单计算，但是需要大量数据管理的商业应用，如财务会计应用程序。虽然更新、更先进语言层出不穷，但是，至今许多大公司或机构核心程序还是保留用 COBOL。

code（**代码**）。录入计算机中的特殊形式的信息（如二进制，ASCII，十六进制）。计算机程序中包含的指令，也经常被称为代码。例如，"程序中有多少代码行？"。

command（**命令**）。(1) 一般指对程序或软件系统的一个指令，告诉它执行描写动作，或引起某些程序的执行。例如,打印命令使得文件内容被打印。(2)一个操作,特别是使得能够启动、停止或继续一个操作的脉冲信号或代码。

compiler(**编译程序**)。用于把另外的计算机程序(高级语言形式)转换为机器语言程序。即编译程序把高级语言写的程序作为输入,并把它变成机器语言形式,使计算机能够明白和执行。

computer center(**计算机中心**)。计算机装置、外围设备、人员和包含所有这些的办公室空间。

computer graphics(**计算机图形学**)。(1)包括广泛的一类服务和设备,如数字化仪器、显示器、绘图仪、打印机,胶片装置等。这样的系统一般分成三个部分,都与计算机连在一起——输入、编辑和输出阶段。(2)使计算机产生物体的模型及图形,并对它们进行存储和处理的一门学科。计算机图形学研究图形合成的过程,包括:①造型。用点、直线、曲面或实体描述物体;②存储。将模型存放在计算机中;③处理。用某种方法改变模型形状或合并两个模型;④视见。计算机选择某个视点,观看模型和在屏幕上显示。

computer network(**计算机网络**)。两个或多个互相连接的计算机。

computer programming language(**计算机编程语言**)。任何用于写对计算机下指令的语言。例如 COBOL,FORTRAN,汇编语言和 RPG。

CPU(**中央处理机部件**)。计算机系统的中央处理机。包含主存储器、运算部件,寄存器等。

cyber space (**虚拟空间**)。术语源于 W.Gibson 的小说,描写通过网络连接人们的头脑和计算机,现在用于称呼

internet。

dada bank（**数据银行**）。收存的可以由各种计算机存取的数据。

dada base（**数据库**）。可以由计算机存取的数据集合。

DBMS（**数据库管理系统**）。一个系统，其组成部分包括：数据库设计、系统接口、输入和恢复模式，专门语言、存取技术、性能测度、安全、完整性和隐私性。

digital（**数字**）。(1) 离散量形式的数据（比较模拟量）。(2) 适合数字形式的数据。

digital earth（**数字地球**）。美国副总统戈尔先生 1998 年 1 月 31 日在加利福尼亚科学中心作的题为"数字地球——认识 21 世纪我们这颗星球"讲演中提出的概念，指能够嵌入巨量信息，对地球做多分辨率，三维描述的方式。广义上讲，这是一种数字化的地球信息模型，在每个点处包含有大量的信息，可以通过可视化工具获取。

digital libraries（**数字化图书馆**）。大型书库，应用数字技术存储，并可以通过计算机网络，如 internet 访问。

digital technology（**数字技术**）。一般指计算机化的系统，信息化为二进制（0/1）数字在其中传输，可以模拟各种行为（视觉和声音等）。

display（**显示**）。在屏幕或其它设备上以可视见的形式表示数据。

distributed computer system（**分布式计算机系统**）。在一个机构中，计算机的配置不是全部在一个地方。

distributed data processing（**分布式数据处理**）。在数据处理中由两个或多个互相连接的计算机分担工作负荷。

DMA（直接存储存取）。DMA 顺应的适配器，可以访问系统主存而不打扰 CPU。

DNS（域名服务器）。网络服务器，把数字 Internet 协议转换为 Internet 主机名字。

eBusiness（电子商务）。电子商务是在 cyberspace（虚拟空间）进行的工商业务。它是利用 internet 技术帮助，实时执行业务过程。按照从事网络交易的对象不同和内容的不同，电子商务可以分为四类：第一种为"商家对客户"型的电子商务，简称 B2C（B-To-C，B 表示 Business，C 表示 Customer）；第二种为"商家对商家"型的电子商务，简称 B2B；第三种为"客户对客户"型的电子商务，简称 C2C；第四种为"客户对商家"型的电子商务，简称 C2B。

E-mail（电子邮件）。使用最广泛的一种 Internet 服务项目。无论用户使用何种计算机，只要接入 Internet 网，用户就能够传送和接收邮件。

Ethernet（以太网）。目前使用最广泛的 LAN（局域网）。在以太网中，任何时候如果一个计算机没有收到其它计算机正在发送的信息，它就可以发送数据。如果两台计算机同时发送数据，以太网可以检测出冲突，让每台计算机重新发送数据前等待一段时间。这是 1973 年施乐公司的 PARC 实验室发明的技术，至今还是三种互联网技术之一（其它两种是 TCP/IP 和路由器交换技术）。

file（文件）。用文件名表示的一类相关的信息集合。

FDDI（光纤分布式数据接口）。一种 LAN 技术，基于 100Mbps 光纤光缆网络。

filename（文件名）。文件的名字。可以用文件名表示文件。

FORTRAN。指 FORmula TRANslation language（公式翻译语言）。是应用最广泛的科学计算机语言。是由 IBM 公司在 20 世纪 50 年代后期发展的。

FTP (File Transfer Protocol)（文件传输协议）。一种控制计算机网络（例如 internet）上的访问（注册）和文件操作的协议。

fuzzy set theory（模糊集合论）。模糊集合论是 Zedeh 在 1965 年提出的，以后不断完善，已经在人工智能和控制论许多领域得到应用。该理论将人们的日常模糊概念用数学形式进行描述。

fuzzy algorithm（模糊算法）。实现模糊推理和模糊逻辑运算的算法，可以对输入的模糊信息作相应响应，进行运算、推理、控制，而且可以把输出信息作为输入，再进行上述操作，通过反馈、迭代，反复试探和修正，得到解答。

GA(Genetic Algorithms)（遗传算法）。生物在自然界的生存繁衍，显示出其对自然环境的优异自适应能力。遗传算法是对生物这种行为的计算机模拟，使各种人工系统具备优良的自适应能力和优化能力。

G（Gigabytes）（十亿字节）。10 亿字节计算机存储。每个字节八位（二进制数字），一般表示一个符号，如十进制（0—9），字母（A—Z）等。

GUI（图形用户界面）。一种软件，允许用户通过表示各种程序选择的图标，与计算机打交道。

hacker（黑客）。不同目的入侵网络的人，有蓄意攻击型（如偷换主页）、谋取利益型（如窃取资料）、窥探隐私型、破坏系统型等。

hardware（*硬件*）。计算机和数据处理装置，电子和机械设备。

hexadecimal number（*十六进制数*）。以十六为基数的数。它由 0—9 数字和 A—Z 字母组成。

home page（*主页*）。在 WWW 网址上的起始页面地址。通常包含超文本索引，可以由用户进一步选择。

host name（*主机名称*）。主机名称是为 Internet 网的主机起的名字。Internet 网的主机是直接连接到 Internet 网的机器，这与只能够间接通过 E-mail 与 Internet 网相连接的机器不同。主机的名称是由点号串起来的几部分组成，例如：bgp.cnpc.com.cn。

host number（*主机（编）号*）。主机号是指为 Internet 网的主机指定的号码。网络软件使用主机号识别主机，主机号就如同电话号码。主机号是用点分开的四组数字组成，如：140.186.88.6。

HTML（*超文本标志语言*）。简单的文档格式语言，用于准备文档，以便在环球网络的浏览器上观看。

HTTP（*超文本传输协议*）。用于格式化的文档在 Internet 上传输的协议。

hypertext（*超文本*）。在存储的文本中，计算机通过键字索引（通常表示为黑体或下划线）连接地址。

image processing（*图像处理*）。（1）图像科学领域，包括图像变换、图像编码、图像增强、图像恢复、特征提取、图像理解等，所有这些都利用计算机作为工具。（2）应用计算机系统对数字图像进行的处理。数字图像处理的目的是为图像识别或分类提供有效的信息（即预处理）或使图像更加清晰。

information hiding（信息隐蔽）。从接口功能中去掉系统细节，从而使用户更容易掌握和应用。

integration（集成，一体化）。不同的应用软件之间具备互操作性，即相互使用数据的能力。

interactive（交互）。一个交互的计算机系统是用户能够通过终端与计算机通信的系统，并且在一个指令输入后计算机直接显示结果。

interactive system（交互系统）。能够实时进行人机通信的系统。

Internet（因特网，国际互连网）。(1) 全球网络，在1997年初有超过40000各种类型的计算机局部网络连接在其上，1999年底，中国上网人数已经达到890万；(2) 信息高速公路。

Internet Service Provider (ISP)（国际互连网服务提供者）。一般指提供物理存取 Internet 服务的机构。

I/O（输入/输出）。I/O 是 input/output（输入/输出）英文首字母的缩写。

ISDN（综合服务数字网络）。由电话公司提供的通信协议，允许在分散位置和网络，高速连接计算机。

ISP（Internet 服务提供者）。一种公司，为个人或公司提供上 Internet 的门户服务。

IP（Internet 协议）。用于在网络上传送信息包数据。

Java。由 SUN 公司在 20 世纪 90 年代初期发展的一种通用的面向对象程序设计的语言。它提供许多图形用户界面支持应用程序开发,支持局域网和广域网客户服务器应用程序开发的扩展。

job(作业)。规定作为计算机的一个工作单位的一组特定的任务。一个作业一般包含所有所需要的计算机程序、连接、文件和对操作系统的指令。

k。文字 k 表示数 2^{10} 或 1024。文字 k 通常用于表示计算机能力。例如,个人计算机的能力,如果说主存容量 64k 字节,即是指 65536 个字节。有时候 k 也被用于粗略地表示 1000。

language(语言)。在计算机科学中,用于写程序控制计算机操作;形式化的语言之一。

LINUX。最早由 Linus Torvalds 建立的 UNIX 类型的操作系统。世界上许多开发人员对它的发展作出了贡献,源程序免费开放给任何人。

local area network(LAN)(局域网)。限制在小的区域,如单个建筑物内的通信网络。

M(兆)。英文 mega 的缩写,即 1000000。

machine instruction(机器指令)。机器自己的语言指令,而不是编程语言。机器能够识别和执行机器指令格式。

machine language(机器语言)。机器直接能够明白(即不需要转换)的符号和格式的语言。

machine learning(机器学习)。机器能够基于它过去的性能,改善它自己的性能。

main memory(主存储器)。计算机中集成的随机访问存储器。它不同于磁盘存储器。尽管磁盘存储器有时也称为存储器，但是它不能够称为主存储器。

module（模块）。（1）一个模块是一个较大的系统中任何独立的部分。微型计算机和其它类似系统，可能由多个模块构成。（2）一组程序指令，由翻译程序、加载程序等作为一个单元进行处理。

Moore's Low（摩尔定律）。Intel 公司的 G.Moore 估计微芯片技术晶体管数目大约每 18 个月翻一番。1965 年摩尔以 3 页纸的短小文章，发表了对整个信息技术界意义深远的著名预言："集成电路上能够被集成的晶体管数目，将以每 18 个月翻一番的速度稳定增长，并在今后几十年保持这个势头；同时价格会降到原来一半。"他的预言在近 40 年计算机发展历史中被证实。也许今后随着物理和制造工艺限制，摩尔定律会走到尽头，但是目前仍然是计算机界最有影响的经典法则之一。

moving agent（移动代理）。一种软件代理，可以在异构网络环境下，在它自己选择的时间内从一个机器移动到另外的机器。

MS Office（微软办公套装软件）。在全世界办公套装软件中，占有率最高的是微软的 Office 软件。1983 年推出的 Word，给出版业带来革命性变化。后来陆续推出的 Office97 和 Office2000 等版本的套装软件对于办公自动化的普及，有重要影响。

multiple computer（多计算机）。由同时操作的计算机系统组成的计算机。

multiuser program（多用户程序）。接受许多独立的用户输入的计算机程序。

Netscape（网景软件）。一种浏览器软件程序，能够使一定类型的计算机用户在 Internet 上观看所选择的数据。1994年，Marc Anderson 创建的 Netscape 公司，开发出了 Navigator 浏览器软件，并放在网上让人免费下载。Navigator 浏览器友好的用户界面使用户可以方便快捷地浏览 Internet 上各种信息，被称为"最富创造性的软件"。

network computer（网络计算机）。便宜的、简易的 PC，专门用于访问计算机网络。

NN（neural net）（神经网络）。神经网络是一种具有学习和自组织能力的智能机构。它采用电子线路或计算机软件模拟人脑的部分功能，如学习、概括、搜索、自适应等。神经网络由许多基本单元组成，这些单元称为神经元或节点，各个单元互相连接，组成神经网络。神经网络概念是 Mc.Culloch 和 Pitts 早在 1943 年提出的。20 世纪 80 年代在理论和实践上得到飞跃发展。

NSP（网络服务提供者）。一个公司，提供宽带存取 ISP 和大公司。有时称为主干提供者。

OLTP（在线业务处理）。通过计算机响应接收的业务操作数据，如连续、实时更新库存记录等。

operating system（操作系统）。一个计算机系统的主控程序，其它程序要与它通信。

P（千万亿）。 P 是英文字头 peta 的缩写，表示一千万亿。

parallel processing（并行处理）。（1）在计算机系统的多个组成单元（如多个处理单元或多个外部设备）中同时进行的多个处理。（2）两个或多个程序同时执行的计算机操作。

pattern recognition（模式识别）。（1）由计算机识别形状和模式。（2）利用计算机对物体、自然景物、人像图片、图像、语音、声音、字符，以及其它信息模式进行自动识别。识别问题包括分类和描述模式的特性。

program（程序）。主要是一组指令，由系统执行以完成一定任务。

RAM（random access memory）（随机存储器）。计算机存储器，提供程序操作的开放的工作空间，其字节可以直接被存取和清除。

relational database（关系数据库）。数据库经历了网状数据库、树状数据库、文件技术数据库等不同结构，最后定格于关系型数据库。关系型数据库的优点是单个记录可以看作表格。1970年IBM公司Watson实验室的Edgar F. Godd等奠定了关系型数据库的理论基础，此后，IBM、ORACLE公司将此理论产品化，用于各个领域。近年来，数据库技术发展非常迅速，从关系型数据库，到面向对象数据库、超大规模数据库、多媒体数据库等，已经被认为是成熟的技术。

RISC（精简指令集计算机）。RISC是精简指令集计算机Reduced Instruction Set Computer英文首字母的缩写。这个名称是1980年提出的，但是，其概念与IBM在20世纪70年代中提出的体系结构一致：小指令集、每个指令都是单地址、有固定的格式、以流水线方式重叠执行、指令高速缓存和数据高速缓存分开。

sequential computer（串行计算机）。计算机设计为一个指令接着一个指令执行。

SGML（标准通用标记语言）。国际标准化组织（ISO）在 1986 年通过的创建新型标记语言的系统，是一种描述性的语言（也称为元语言）。

simulation（模拟）。一般指把一个系统用另外的东西进行表示。例如，用计算机求解的数学模型表示现实世界。

statistical pattern recognition（统计模式识别）。用概率统计方法，对有代表性的特征表示的对象进行判别和分类。

stochastic simulation（随机模拟）。一种模拟技术，以随机元素为基础。与确定性模拟相比，引入了概率的和随机性的概念。

software（软件）。一般指所有程序、计算机语言，以及使计算机执行有用功能的操作。

TCP/IP（传输控制协议/因特网协议）。在连接了无数台不同结构、不同厂商、不同类型计算机的因特网上，没有统一的、大家均遵守的规矩，这些计算机就无法通话。这规矩就是 TCP/IP（传输控制协议和因特网协议）。这两个在 1974 年产生的协议，解决了报文（文件或命令）在计算机网络间的传送问题，体现了平等、自由的思想：网络没有层次之分别——任何一台计算机与其它计算机都是平等的，网络任何部分破坏，其它部分不受影响，保持连通。

teleconferencing（远程会议）。利用灵活的电子通信技术，在地理分散的应答人之间开会。

T（Terabytes）（万亿字节）。万亿字节计算机存储。每个字节八位（二进制数字），一般表示一个符号，如十进制（0—9），字母（A—Z）等。

Uniform Resource Locator(URL)。用于国际 Internet 上寻址的系统。

UNIX。 被许多人认为是当前用于大型业务处理的最先进的多用户操作系统。1969 年 AT&T 公司 Bell 实验室的 Ken Thompson 在 PDP 计算机上首先发展的新操作系统,经过 Dennis Ritchies 改进,1974 年以后开始在科研和教育领域流行。Unix 经过 30 多年的发展,几十个版本竞争后,终于出现了统一的希望,由 IBM、SCO 和 INTEL 三家业界巨头联合发起 Monterey 计划,预定 2000 年下半年推出统一的 Unix 版本——Monterey /64。

virtual reality(VR)(虚拟现实)。(1)一个模拟的系统,通过计算机产生的传感输入,建立虚幻的"现实",或模拟的环境。(2)三维沉浸式的环境,用户在其中以自然方式与计算机产生的(虚拟)对象进行互动。

virtual communities(虚拟社区)。计算机网络连接地理上分散的用户,这些用户具有共同兴趣,不管是业务方面还是娱乐方面,研究性还是创造性。

virtual companies(虚拟公司)。业务机构其功能大量在虚拟空间,利用电子邮件、电传、远程会议等,用于地理上分散的雇员和客户通信。

virtual office(虚拟办公室)。工作环境扩充到传统的、由物理设施定义的空间以外;例如虚拟公司。

virus(计算机病毒)。一组自我复制的计算机指令,隐蔽在软件程序内部;当被激活时,病毒的复制可以重写,因而破坏程序文件,或使得整个计算机系统不能够正常工作。自 20 世纪 60 年代计算机病毒首次出现以来,病毒程序越来越复杂，在种类、数量上也大大增加。1988年著名的Internet "蠕虫"病毒感染了6000多台计算机，使计算机病毒第一次大面积扩散。2000年5月初，"爱虫"病毒在一周时间里感染了4500万台计算机，造成全球企业100亿美元的损失。

visualization（可视化）。 将计算机中的数据（如温度场和地震波），以可见的形式表示和显示。

VPN（虚拟私有网）。 允许公司建立虚拟专门的网络，允许远程用户通过Internet连接。包含安全措施，保证私有性。

wide area network（WAN）（广域网）。 覆盖大地理区域（如省，地区，国家）的通信网络。

Windows（窗口操作系统）。 由微软公司研制的一种灵活的计算机软件接口，利用图形和可视的屏幕格式实现程序选择和操作。1983年Windows操作系统诞生，1987年推出Windows2.0。1990年5月22日，Windows3.0引起巨大反响。近年来，微软公司就是靠Windows95和Windows98掌握个人计算机软件命脉的，而Windows NT和Windows2000操作系统也成为众多服务器和工作站的选择对象。

World Wide Web(WWW)（万维网）。 能够存取在非常大的Internet上所有用超文本连接的文档。1990年欧洲粒子实验室的Tim Berners Lee首先开发出万维网。它使用一种超文本标识语言（HTML）显示文件，使过去复杂的操作被简单的信息浏览代替，Tim Berners Lee因此被称为万维网之父。他提出的HTTP、URL、HTML等概念已经深入人心。1994年W3C协会成立，目的在建立网络开发标准。

**XML (eXtensible Markup Language)（可扩展标记语

言）。它是通用标记语言（SGML）的子集，用于对信息进行自我描述的新语言。包括三个要素：DTD（文档类型定义）、XSL（可扩充式样语言）和 Xlink（可扩充链接语言）。

Yahoo（雅虎）。由美籍华人扬致远等建立的 Internet 服务的机构，提供 WWW 的网络地址目录和搜索引擎。

Zettabytes （万万万万亿字节）。大约 1,000,000,000,000,000,000,000 字节存储。

Megabytes　大约 1,000,000 字节

Gigabytes　大约 1,000,000,000 字节

Terabytes　大约 1,000,000,000,000 字节

Petabytes　大约 1,000,000,000,000,000 字节

Exabytes　大约 1,000,000,000,000,000,000 字节

Yottabytes　大约 1,000,000,000,000,000,000,000 字节

Zettabytes　大约 1,000,000,000,000,000,000,000,000 字节

附录 B INTERNET 资源一览表

B.1 石油工业电子商务机构

A2D Technologies （勘探开发应用服务提供者，测井数据在线数据库）
www.a2d.com

Applied Terravision Systems (能源、环境应用服务提供者)
www.atsi.com

Energy Careers (能源检索服务，钻井项目)
www.energycareers.com

Energy Exchange Inc. (虚拟市场，技术金融交易、拍卖、投标、检索数据库)
www.enex.com

EnergyNet.com (勘探开发拍卖、交易)
www.energynet.com

Energy Portal (勘探开发拍卖、目录、交易)
www.energyportal.com

EnergyPrism.com, inc (勘探开发招标、目录、交易、分类广告)
www.EnergyPrism.com

eNersection, Inc. (勘探开发拍卖、交易)
www.enersection.com

eOilfield Auction (勘探开发拍卖、投标、交易)
www.eoilfield.com

eRig (勘探开发拍卖、投标、分类广告、数据库检索)
www.erig.net

GeoNet Energy Services Inc. (上、下游应用服务提供者，工业专门软件，远程计算和数据服务)
www.geonetenergy.com

HIS Energy Group (勘探开发应用服务提供者，井、生产、地质、管线信息)
www.ihsenergy.com/petronet21

IndigiPool (勘探开发应用服务提供者，虚拟解释中心，销售工业产权和地震数据、交易)
www.indigopool.com

Just2Clicks.com Plc (勘探开发拍卖、投标、交易，通信服务)
www.just2clicks.com

Maurer Engineering (勘探开发应用服务提供者)
www.maurersoft.com

My Geophysics.com (勘探地球物理招标、目录、数据、交易)
www.geophysicsonline.com

mySAP.com (能源工业勘探开发应用服务提供者)

www.mysap.com

NetMARC (勘探开发应用服务提供者、分类广告、数据库检索、交易)
www.surplussearch.com

NetworkOil.com (勘探开发应用服务提供者、分类广告、目录、交易)
www.networkoil.com

Novistar (Oracle 在线会计和 ERP)
www.novistar.com

Oil and Gas Online (勘探开发、下游产品服务数据库检索，软件中心、工业统计)
www.oillink.com

The Oil Auction.com (勘探开发拍卖、分类广告、数据)
www.theoilauction.com

Oildex Connect (勘探开发应用服务提供者，会计、集成业务过程)
www.oildex.com

oildirectory.com (勘探开发招标、分类广告)
www.oildirectory.com

OilExchange.com (拍卖、数据，工业产权虚拟数据屋)
www.oilexchange.com

Oilfielddirect (在线油田设备，目录、分类广告)

www.oilfielddirect.com

Oilproperities.com (勘探开发拍卖、投标，虚拟拍卖所)
www.oilproperties.com

pennNet (勘探开发拍卖，分类广告，工业产权、产品)
www.pennNet.com

Petris.com (勘探开发分类广告、地质地球物理数据)
www.petrisX.com

Petrocosm Marketplace (勘探开发分类广告、拍卖、目录、交易，产品和服务)
www.petrocosm.com

Petrodeal.com (勘探开发在线拍卖)
www.petrodeal.com

Petroleum Place (勘探开发分类广告)
www.petroleumplace.com

Petroweb.com (勘探开发应用服务提供者，分类广告，数据)
www.petroweb.com

ProspectOne (勘探开发分类广告、服务，油气勘探开发钻探计划，清仓市场)
www.prospectone.com

Shell/Comerce One (勘探开发和化工目录、交易，设备和服务购销)
www.commerceone.com

Torch/PLS（勘探开发拍卖，分类广告）
www.plsx.com

wellbid.com (勘探开发应用服务提供者，钻井投标、交易)
www.welbid.com

WorldOil.com (勘探开发分类广告、交易)
www.worldoil.com

B.2　高等学校和学术机构

石油勘探开发科学研究院
http://www.riped.cnpc.com.cn/

北京大学
http://www.pku.edu.cn/cindex.html

清华大学
http://www.tsinghua.edu.cn/

复旦大学
http://www.fudan.edu.cn/nsindex.html

上海交通大学
http://www.sjtu.edu.cn/

同济大学
http://www.tongji.edu.cn/

南京大学

http://www.nju.edu.cn/

浙江大学
http://www.zju.edu.cn/

石油大学
http://10.173.1.6/

中国地质大学
http://www.cug.edu.cn/

The American Petroleum Institute Home Page 美国石油研究院
http://www.api.org/

Applied Computational Intelligence Laboratory Homepage 应用计算智能实验室
http://www.acil.ttu.edu/

Allied Geophysical Laboratories, University of Houston 休斯敦大学应用地球物理实验室
http://dix.agl.uh.edu/

Berkeley Software Warehouse 伯克利大学软件仓库
http://http.cs.berkeley.edu/csdiv/SWW/

California Institute of Technology 加州理工学院
http://www.caltech.edu/

California Institute of Technology-Software for MIMD Computer 加州理工大学计算机软件列表
http://www.ccsf.caltech.edu/software.html/

Colorado School of Mines 克罗拉多矿业学院
http://www.mines.edu/

Colorado School of Mines Free Books from Samizdat Press 克罗拉多矿业学院免费图书
http://samizdat.mines.edu/

Colorado School of Mines Learning Geophysics Applet 克罗拉多大学学习地球物理 JAVA 小程序
http://www.cs.colorado.edu/~amurillo/java/GeoApplet/GeoApplet.html

Colorado School of Mines The Wavelet Seismic Inversion Lab 克罗拉多矿业学院地震子波反演实验室
http://timna.mines.edu/~zmeng/waveletlab/waveletlab.html

Edinburgh University 爱丁堡大学地质地球物理系
http://www.glg.ed.ac.uk

Gas Research Institute 天然气研究院
http://www.gri.org/

Geoshare User Group GUG 用户集团(应用软件和数据集成)
http://www.geoshare.org/

Geotechnology Research Institute 休斯敦高级研究中心地下资源开发研究所
http://gtri.harc.edu/

GO-NII 美国能源部石油天然气信息高速公路

http://go-web.acl.lanl.gov/

The Grid Forum 高性能计算网格论坛
http://www.gridforum.org/

IEEE Computer Society IEEE 计算机协会
http://china.computer.org/

Lamont_Doherty 哥伦比亚大学拉蒙特—多儿荻地球观测站
http://www.ldeo.columbia.edu/

Lawrence Livermore Laboratories 劳伦斯—利费摩尔国家实验室
http://www-ep.es.llnl.gov/www-ep/esd.html

National Energy Research 国家能源超级计算机中心
http://www.nersc.gov/

Massachusetts Institute of Technology 麻省理工学院
http://www.mit.edu/

MIT Earth Resources Lab
http://www-erl.mit.edu/

MIT Borehole Acoustics 麻省理工学院井中声波测井联合会
http://www-erl.mit.edu/balc/balchome.html

MIT ERL Centre for Advanced 麻省理工学院地球资源实验室先进计算中心
http://www-erl.mit.edu/cagc/cagchome.html

Oak Ridge National Laboratory 橡树岭国家实验室
http://www.ornl.gov/

Offshore Technology Conference 海洋技术会议
http://www.otcnet.org/

Oxford University Computing Laboratory 牛津大学计算实验室
http://www.comlab.ox.ac.uk/

Penn State Geosciences 佩恩州矿物学院科学计算实验室
http://www.geosc.psu.edu/

POSC: Petrotechnical Open Software Corporation 石油技术开放软件协会
http://www.posc.org/

PPDM 石油公共数据模型
http://www.ppdm.org/

SEG（Society of Exploration Geophysicists）勘探地球物理学会
http://www.seg.org/

SoftComputing Links 软计算连接
http://wwwmath.uni-muenster.de/SoftComputing/links/

Stanford University-Petroleum Engineering
http://pangea.stanford.edu/~rhughes/pe.html

Stanford University -SEP Homepage 斯坦福勘探计划

http://sepwww.stanford.edu/

Stanford University-School of Earth Sciences 斯坦福大学地球科学学院
http://pangea.stanford.edu/

Texas Tech University 得克萨斯大学石油工程系
http://www.coe.ttu.edu/pe/pe_home.htm

TNO Institute of Applied Geoscience 应用地球科学 TNO 学会
http://www.tno.nl/instit/gg/gg.html

TOP500 世界上最快的 500 个计算机
http://www.netlib.org/benchmark/top500.html/

University of Texas Institute for Geophysics 得克萨斯大学地球物理学院
gopher://gopher.ig.utexas.edu/

University of Utah 犹他大学
http://www.utah.edu/

University of Utah 犹他大学地球科学与资源学院
http://www.esri.utah.edu/

University of Wyoming 石油工程系
http://wwweng.uwyo.edu/pete.html

U.S.Geological Survey 美国地质勘探局
http://www.usgs.gov /

W3C 各种规范
http://www.w3.org/TR/

XML
http://www.XML.org/

Yale Department of Geology 耶鲁大学地质系
http://stormy.geology.yale.edu/

B.3 石油技术和计算机技术服务公司

中国石油天然气集团公司地球物理勘探局
http://www.bgp.cnpc.com.cn/

中国石油天然气集团公司勘探开发科学研究院
http://www.riped.cnpc.com.cn/

中国石油天然气集团公司石油规划设计总院
http://www.cpped.cnpc.com.cn/

Applied Geophysical Services 应用地球物理服务
http://www.appliedgeo.com/

Baker Hughes Web Site 石油技术服务公司
http://www.bakerhughes.com/

Core Microsystems
http://www.coregeosystems.com/

Data Warehousing Information Center 数据仓库和决策支持技

术
http://pwp.starnetinc.com/larryg/

Deutsche Technologies GmbH 德国 GmbH 技术公司
http://www.fp.dmt.de/

Dgbhome 挪威 DGB 公司
http://www.dgb.nl/

Diamond Geophysical Service Corp.戴蒙德地球物理服务公司
http://www.diamondg.com/

Distributed Algorithms and Distributed Systems 分布式算法和分布式系统
http://www.cwi.nl/cwi/department/Aal/distcom/distcom.html/

Enertech Computing Corporation 埃拉特奇计算服务公司（井筒设计和流体预测，软件产品）
http://www.neosoft.com/~enertech/

Fairfield industries 美国 Fairfield 工业公司
http://www.fairfield.com/

Encom's exploration software 重、磁数据解释软件
http://www.encom.com.au/

Fionn Industries Company 芬恩工业公司（客户服务器软件）
http://www.fionn com/

Foster Wheeler provides total LNG capability 公司提供液化天然气技术

http://www.fec.com/

GeoCenter,Inc 美国 GeoCenter 公司
http://www.geocenter.com/

Geophysics Online 地球物理在线
http://www.geophysicsonline.com/

Geometrics 美国 Geometrics 公司
http://www.geometrics.com/

GeoSynergy 美国 GeoSynergy 公司
http://www.geosynergy.com/

Green Mountain Geophysics 绿山地球物理公司
http://www.gmg.com/

GridSTAT software from ACE 美国 ACE 地质统计油藏描述软件
http://www.gridstat.com/software.htm#Tutorials

IBM Corporation 国际商业机器公司
http://www.ibm.com/

IBM Aglets Software Development Kit - Home Page IBM 软件代理、软件开发工具
http://www.trl.ibm.co.jp/aglets/

Halliburton Company 哈里伯顿公司。能源服务、工程咨询和设备
http://www.halliburton.com/

INT 美国 INT 交互技术公司
http://www.int.com/

Jason Geosystems Website 美国 Jason 地学系统公司
http://www.jason.nl/frame.html

JGI(Geophysical Data Acquisition and Processing System) 美国 JGI 地球物理数据采集和处理系统公司
http://www.jgi-inc.com/

Halliburton Energy Services Company 哈里伯顿能源服务公司
http://www.halliburton.com

Landmark Graphics Corporation 美国兰德马克技术公司计算机辅助勘探，三维解释
http://www.lgc.com/

Lynx Geosystems Inc. 林克斯地学系统
http://www.info-mine.com/products/lynx/

Microsoft Business Solutions 微软电子商务
http://www.microsoft.com/industry/biztalk/

OilOnline——Online information for the Oil Industry 美国石油工业在线信息服务
http://www.oilonline.com/

Panther Software Corp. 潘塞尔软件公司地震数据管理
http://www.panther-group.com/

Paradigm Geophysical - Corporate 美国帕拉代姆地球物理公司
http://www.paradigmgeo.com/

Prime Geomatics Company 普莱姆公司地理信息系统、数据库
http://www.tcel.com/~mediafx/PRIMEGEO/home.html

PECC 石油勘探计算机咨询公司
http://piper.psti.co.uk/aotp/Demo/Tenants/PECC/PECC.page.html

PrismTech's data and application integration Prism 公司技术数据与应用集成
http://www.prismtechnologies.com/

PGS 美国 PGS 公司
http://www.pgs.com/

Reservoir Characterization Research and Consulting, Inc. 美国 $(RC)^2$ 油藏特征研究和咨询公司
http://www.rc2.com/

Schlumberger 斯伦贝谢公司
httP://www.schlumberger.com/

Seismic Image Software 美国地震成像软件公司
http://www.sisimage.com/

Seismic Micro-Technology 美国地震微技术公司

http://www.seismicmicro.com/

Statistical Analysis of Natural Resource Data (SAND)挪威自然资源统计分析技术
http://www.nr.no/sand/

Rock Ware Inc.罗克韦尔地球科学软件
http://www.aescon.com/rockware/index.htm

Rockware Europe Company 罗克韦尔欧洲采矿、石油、环境、教育软件
http://www.bart.nl/~rockware/

SGI Technology Library SGI 技术资料库
http://www.techpubs.sgi.com/library/

Silicon Graphics SGI 可视化和高性能计算
http://www.sgi.com/

SUN Microsystems Lib Technical ReportsSUN 实验室技术报告
http://www.sun.com/smli/technical-reports/index.html/

SUN Java Developer Connection SUN 公司 JAVA 开发者连接
http://developer.java.sun.com/

SUN - The Source for Java™ Technology SUN 公司 JAVA 技术
http://java.sun.com/

Technical Software Consultants Company 技术软件咨询公司

http://www.nr.no/home/SAND/prj/tsc.html

T-Group Geo-Services 德国 T-Group 地学技术服务公司
http://www.t-group.de

Vector Seismic 美国 VECTOR 地震勘探公司
http://www.vector-seismic.com/

VERITAS Geophysical Integrity 美国 VERITAS 地球物理公司
http://www.verititasgc.com/

附录C XML 和 Java

本书中在多处谈到了 XML 和 Java。也许大多数石油勘探开发软件工作者已经听说过 Java，但是，了解 XML 的人大概不多。

如果说 Java 是 Internet 编程语言，XML 则是数据格式。它是简单的标志语言，但是，不同于 HTML，它是可扩充的——你可以使用任何数据模型。

这里考察一个小型版本的 XML。

W3C 的目标是发展简单的标志语言 XML，能够适合广泛应用需求。在许多方面，W3C 成功了。XML 功能强大，但不复杂，在几天里就可以学会。

很少开发者使用或需要 XML 的所有特征。大部分开发者只用小的子集，大部分文档像下面的样子（由尖括号包围的标志和数据表）：

```
<Exchange>
  <Rate>
    <Currency>BEF</Currency>
    <Value>41.97</Value>
  </Rate>
  <Rate>
    <Currency>CAD</Currency>
    <Value>1.46</Value>
```

```xml
    </Rate>
    <Rate>
      <Currency>GBP</Currency>
      <Value>60.66</Value>
    </Rate>
    <Rate>
      <Currency>FRF</Currency>
      <Value>6.83</Value>
    </Rate>
    <Rate>
      <Currency>DEM</Currency>
      <Value>2.04</Value>
    </Rate>
  </Exchange>
```

为了适宜这样的情况,一个小组开发了简单标志语言,产生了两个文档:Common XML 和 Minimal XML。

两者对于 Java 开发者都有用,尽管出发点不同。

Common XML 定义了 XML 的安全子集。即使 XML 是标准的,在不同厂家的实现中也会存在小的差异。为了避免由于差异造成的损害,Common XML 定义子集,可以由每个分析程序可靠工作。

但是最有意义的是 Minimal XML(或 MinXML)语言。

为了理解 MinXML,你应该注意,XML 有两个主要应用:出版和数据交换。出版者用 XML 管理大的网址或其他文档。电子商务利用 XML 进行数据交换、同步化,或应用集成(eAI)。

在 XML 中有些结构是单独为出版应用的。混合目录是最好的例子。出版应用经常需要混合文本和标志,然而,混合内容对于数据应用是多余的。实际上,XML 分析器把书写缩排和空格传送给了应用程序,而应用程序也并不理睬它。在下面的例子中,XML 分析器在流通币和数值前面报告三个空格,但是应用程序可能不管这些空格:

<Rate>
    <Currency>BEF</Currency>
    <Value>41.97</Value>
</Rate>

Java 开发利用子集的原因有二:

(1)大多数使用 Java 和 XML 的应用可以分为电子商务和 eAI,可以从只注重实践子集获得好处。

(2)MinXML 容易实现。MinXML 分析器比一般 XML 分析器小,有时也快速。

注意:在你确定 MinXML 对于你合适时,你应注意它和一般的 XML 的应用范围不一样。MinXML 偏向于某些数据的应用。如果你搞电子商务,可能合适。如果你搞出版,可能需要 XML 全集。还要注意,MinXML 是 XML 的子集。每个 MinXML 文档也是 XML 文档。所以可以对 MinXML 子集使用一般的 XML 分析器。目前有四种 MinXML 分析器:

(1)<u>Min</u>(//www.docuverse.com/min/) 最接近正式的 MinXML 分析器,类似 SAX API,并且小于 20 kB。

(2)John Wilson 的 <u>Minimal XML parser</u> 是很小的分析

（3）Shawn Silverman 的 <u>Minimal XML parser in Java</u> 只有一个 Java class。

（4）JaSMin by Sjoerd Visscher 是用五十行 JavaScript 写成的分析器。

利用小的 MinXML 分析器 Min，与使用一般的 SAX 分析器没有区别。从写事件处理器开始。Exchange 从 HandlerBase 继承。并且，重写 startElement()、endElement() 和 characters()事件。分析器在遇到开始、结束标志和字符内容，分别激发这些事件。

事件处理器把兑换率充填到 java.util.Dictionary。写 SAX 事件处理器的主要问题是要追踪应用在文档中的位置。事件中间没有直接关系，分析器没有提供结构。幸运的是 XML 文档是树，容易用 java.util.Stack 追踪文档中的位置。

Main()方法建立分析器、注册事件，并通过 compute() 打印各种兑换率。

```java
import java.io.*;
import java.util.*;
import org.xml.sax.*;
import org.xml.sax.helpers.*;
import com.docuverse.min.util.*;

public class Exchange
    extends HandlerBase
{
```

```java
protected Stack stack = new Stack();
protected Dictionary rates = new Hashtable();

public void startElement(String name,
                         AttributeList attributes)
{
    if(name.equals("Currency"))
        stack.push(new StringBuffer());
    else if(name.equals("Value"))
        stack.push(new StringBuffer());
}

public void endElement(String name)
{
    if(name.equals("Currency"))
    {
        StringBuffer c = (StringBuffer)stack.pop();
        stack.push(c.toString());
    }
    else if(name.equals("Value"))
    {
        StringBuffer v = (StringBuffer)stack.pop();
        stack.push(Double.valueOf(v.toString()));
    }
    else if(name.equals("Rate"))
    {
```

```java
            Double v = (Double)stack.pop();
            String c = (String)stack.pop();
            rates.put(c,v);
        }
    }

    public void characters(char ch[], int start, int length)
    {
        Object o = stack.peek();
        if(o != null && o instanceof StringBuffer)
            ((StringBuffer)o).append(ch,start,length);

    }

    public void compute(Writer writer,
                        double amount)
        throws IOException
    {
        Enumeration keys = rates.keys();
        while(keys.hasMoreElements())
        {
            String currency = (String)keys.nextElement();
            double rate =
                ((Double)rates.get(currency)).doubleValue();
            writer.write(currency);
            writer.write(": ");
            writer.write(Double.toString(amount * rate));
```

```java
            writer.write(' \n ');
        }
        writer.flush();
    }

    static public void main(String[] args)
        throws IOException, SAXException,
            InstantiationException, ClassNotFoundException,
            IllegalAccessException
    {
        Parser parser =
            ParserFactory.makeParser("com.docuverse.min.Parser");
        Exchange handler = new Exchange();
        parser.setDocumentHandler(handler);
        parser.parse(args[0]);
        handler.compute(new OutputStreamWriter(System.out),
                    Double.valueOf(args[1]).doubleValue());
    }
}
```

后 记

在编写这本书时，回顾 30 多年来石油勘探开发计算机技术的进步，不禁使人感慨万分。1963 年在大学毕业后来到北京石油勘探开发科学研究院。那时计算油田开发方案是用算盘；表示油藏注水水淹区域前沿动态，则用大头针把兰色塑料线订在人工绘制的井位平面图上。我在大庆油田的采油队、注水队、钻井队、测井队和试井队都劳动实习过，一方面被技术人员和工人师傅对数据和信息的一丝不苟的认真态度所感动，另一方面也对当时获取数据和处理信息缺乏适当的工具印象深刻。在油田开发领域工作八年后，转到地球物理勘探领域。在 30 年间，参加过一系列软件工程项目：（1）70 年代初，北京大学和原石油工业部、电子部合作，研制了我国第一台百万次计算机，在这台计算机上建立了我国第一套地震数据处理软件，这可以说是我国地震勘探数字化进程的开端。（2）70 年代中期到 80 年代初，进口了一批计算机（包括雷森 704、CYBER1724 和 IBM3033），在引进技术的基础上，研究和发展了地震勘探软件技术，大大促进了地震勘探数字化。（3）80 年代中期，在国防科技大学研制的银河巨型计算机、科学院计算所研制的 KJ8920 大型计算机、电子工业部 15 所研制的 AP2704 阵列机上，分别开发了石油勘探数据处理软件系统。（4）90 年代初，研制开发了我国第一套商品化的 GRISYS 地震数据处理系统。这是目前我国使用最多的地震数据处理系统。(5) 90 年代中开始,中国石油天然气总公司开展石油工业应用软件标准化、工程化和集成化研究。在这基础上,研制开发石油勘探开发数据银行和软件平台。把这本小书取名为《石油勘探开发信息化》,也是为了纪念这个难忘的历程。

本书初稿只有 12 章,在一定程度上受尼葛洛庞帝著名的《数字化生存》影响,曾考虑取名为"数字化勘探与开发"。第 14 章是受到美国能都公司陈强博士在中国推广数字油田的概念和技术的鼓舞编写的。本书有关章节介绍了国际著名石油软件技术公司,如 GGG、GeoQuest、Landmark、Paradigm Geophysical 和 Western Geophysical 等,也介绍在国内比较鲜为人知的公司,如 Magic Earth 公司等。石油勘探开发信息平台技术研究,得到了中国石油天然气集团公司科技局、石油地球物理勘探局科技发展部,以及北京地球软件公司的支持。

陈祖传、王强先生阅读了本书的草稿,并提出了很好的建议,在这里表示衷心的感谢。

作者

2000 年 12 月 8 日

参考文献

Bertagne A et al. GIS applications in the exploration-production cycle: Example from the Gulf of Mexico. The Leading Edge, February 2000, Vol.19, No.2

Denning P et al. Beyond Calculation: The Next Fifty Years of Computing. Prentice-Hall, 1997

Dom G A. Modern 3-D Seismic interpretation. The Leading Edge, September 1998, Vol.17, No.9

Duey R. Data Processing: You Want it When. Geophysics——New Horizons in the Exploration and Production, August 1999, Hart E&P

Hanley S. Analyzing real data in a virtual world. The Leading Edge, June 1999, Vol.18, No.6

McCormack M D et al. Applications of genetic algorithms in exploration and production. The Leading Edge, June 1999, Vol.18, No.6

McMahon Neil et al. Cost-effective acquisition in a low oil price environment. The Leading Edge, October 1999, Vol.18, No.10

Sippl C J. The New Webster's Computer Terms. Lexicon Publication, 1990

Witten I H et al. Data Mining: Practical Machine Leaning Tools and Techniques with Java Implementations. Morgan Kaufmanns Publishers, 1999